超简单手作面包

【日】吉永麻衣子　著　/　马达　译

中国轻工业出版社

前言

做面包可以像蒸米饭一样简单便捷。

我这个年纪的人对饭团有种特殊的情感，如果我们的后代对面包也能有这种“妈妈味道”的情感，应该也很棒吧。抱着这种想法，我写下了这本关于面包制作的书。

这本书里介绍的“超简单面包”的做法，从一般制作面包的工序中去除了一些过于专业且繁琐的步骤，整合成适合家庭制作的方法。所以即使在忙碌的工作日也能够轻松操作，每天吃上自己烤的面包。

不论为自己还是为家人，自制的面包会格外香甜。只要按照这本书上所介绍的做法操作，早餐吃上新出炉的面包，就不再是梦啦！

因为要满足每日所需，所以这本书也充分考虑到了制作的便捷度。已经摩拳擦掌的各位读者，以及即将品尝到这些面包的朋友，幸福的滋味马上就到你们的嘴边啦！

吉永麻衣子

在家操作简单便捷，
口味丰富、种类繁多！

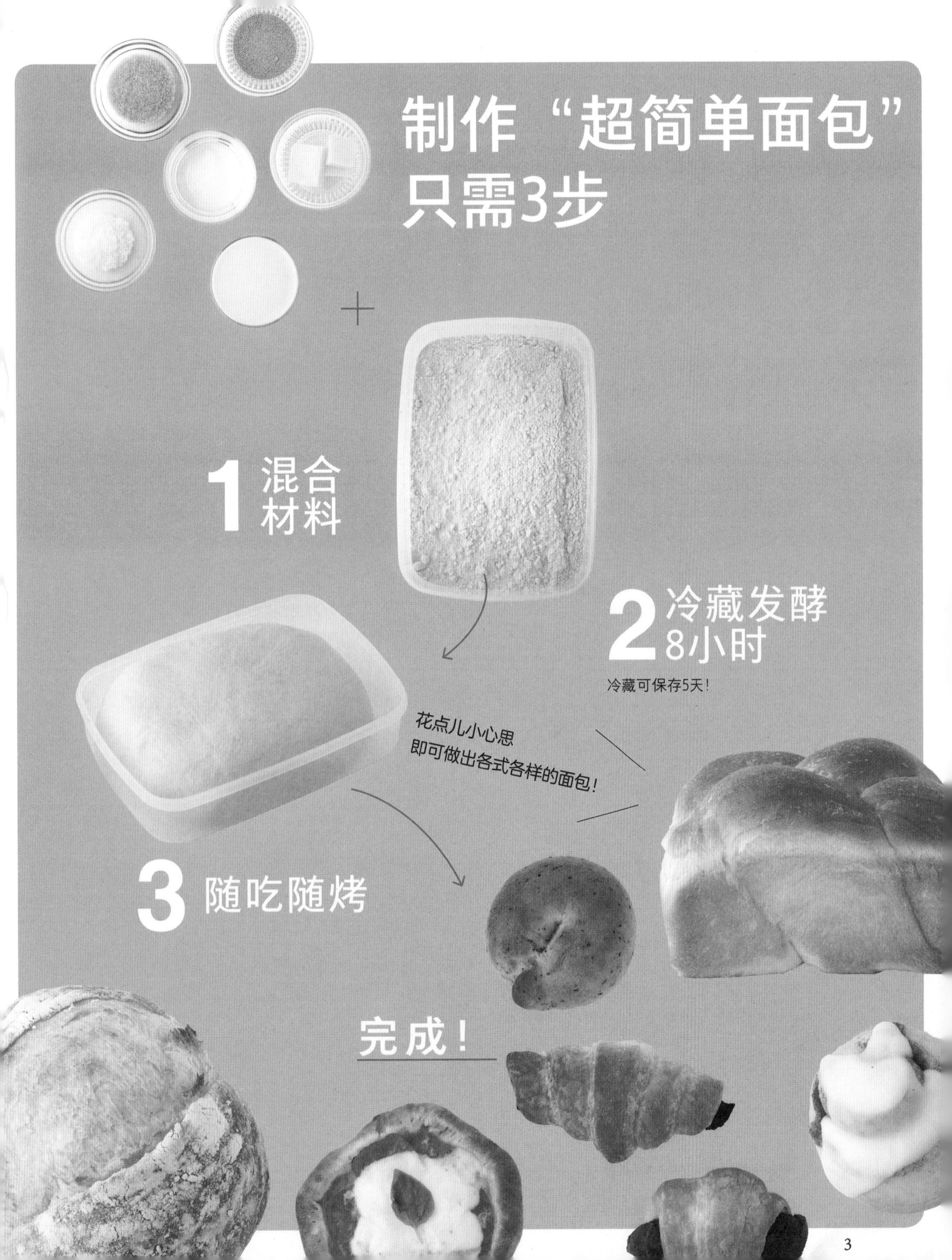
制作“超简单面包”
只需3步
1 混合
材料
2 冷藏发酵
8小时
冷藏可保存5天!
花点儿小心思
即可做出各式各样的面包!
3 随吃随烤
完成!

目录
contents

PART 1 轻松上手的基础面包

PART
2 口味丰富的百变面包

PART
3 进阶的吐司和起酥

不仅仅是便捷！

超简单面包的优点

1

简单易操作

按照顺序依次将材料混合即可。为了让在家操作更简单便捷，省略了很多繁琐的步骤。连最费工夫的揉面都不需要，真的太简单了。

2

材料少而精

为了实现“想做时马上就能做”的目标，不仅步骤简单，就连材料也非常精简。只需高筋面粉、酵母粉、牛奶、盐、白砂糖和黄油，无须准备其他材料。

5

没有烤箱也能制作

除了烤箱，用吐司烤箱、平底锅、烧烤架等都能制作出面包来。这样还可以体验到同一种面团用不同的方法制作出的不同口感。

6

不用洗太多工具

一般会认为，做面包很麻烦的一点就是做完后要清洗许多工具。现在从制作面团、塑形、发酵、保存都在一个保鲜盒里进行，无须模具就可以烤出面包，不用担心清洗太多工具的问题。而且不占用太多空间，也是一个优点。

既便捷又美味，用日常家里有的材料就可以制作，超简单面包对于新手来说也是马上就可以做出来的。它还有下面这么多优点。

3

只需发酵1次

在保鲜盒里把面团做好后，直接盖上盖子，放到冰箱冷藏发酵。温度设为7℃，发酵8个小时为最佳。低温会使发酵更充分，可将小麦本身的香气更好地发挥出来。

4

冷藏可保存5天

发酵好的面团只需每天稍揉一下，就可以冷藏保存3～5天。如果冷冻，最好将面团切成要烤的形状，再冷冻。

7

想吃时随切随烤

面团无须一次用完，想吃时只需切出需要的量即可，15分钟左右就可以吃到自制的面包。将剩下的面团放回保鲜盒里继续保存即可。

8

健康无添加，随意创新

不仅制作简单便捷，没有任何添加剂也是它的魅力之一。使用最基础的原料烤制的面包，不用担心能量过高。还可以根据喜好变换口味，乐趣无穷。

基本制作工具和材料

制作面包前，介绍一下需要准备的最基本的工具和材料。

基本工具

有些工具是可以替代的，
无须一开始就全部备齐。

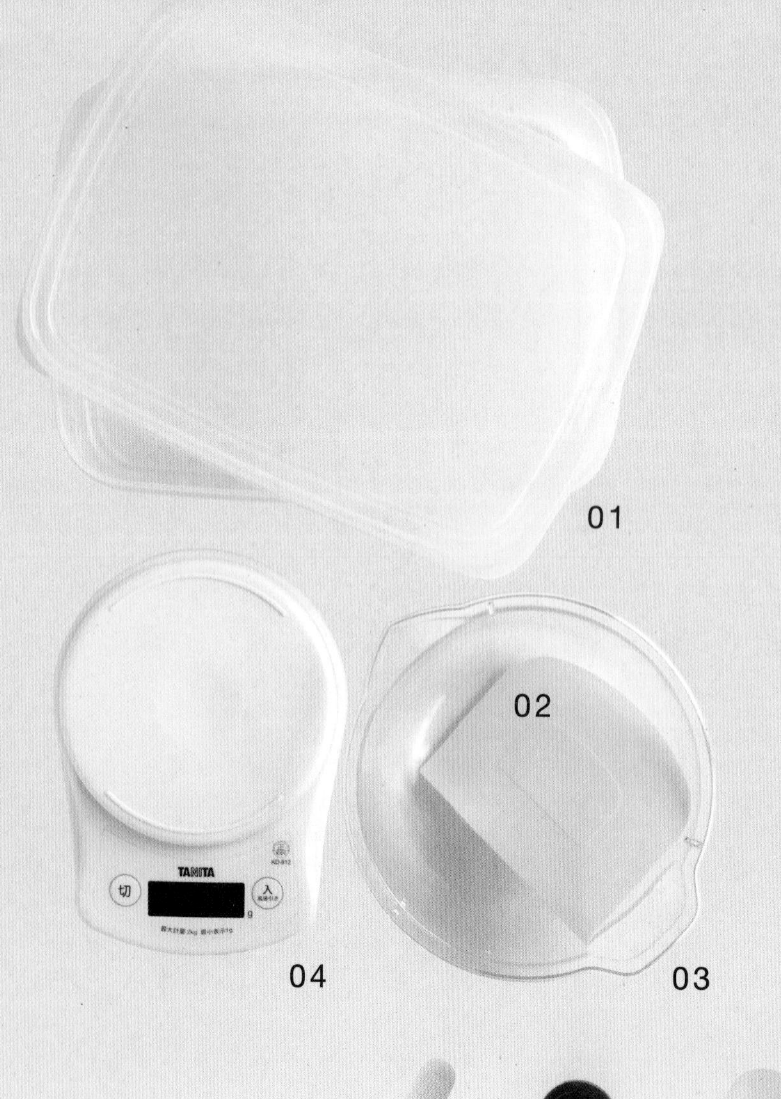

01 **保鲜盒**（约18cm × 26cm × 5.5cm）

从混合材料到保存，所有操作都在保鲜盒里进行，所以应尽量选择底面平整、有盖的保鲜盒。

02 **刮板**

面团的混合、搅拌、切分、移动等操作都要用到刮板。也可用菜刀代替。

03 **小碗**

本书中溶化酵母这个步骤需要使用到碗，直径10cm左右的小碗比较方便使用。没有的话，小茶杯也可代替。

04 **厨房电子秤**

用来秤量各种材料。以“g”为单位的秤也可以，但是电子秤更方便和精确。

上手后可以升级工具

05 **擀面杖**

用来做长条形面团时使用，材质不限。可以用手拉伸面团，但用擀面杖会使面团更均匀、平整。

06 **比萨刀**

切分面团时比刮板更方便。

07 **刮刀**

混合材料时代替手来操作，更干净、便利。没有的话用木铲或勺子代替即可。

基本材料

只要准备好高筋面粉和酵母粉，其他的用家里常备的黄油、牛奶等材料就足够了。

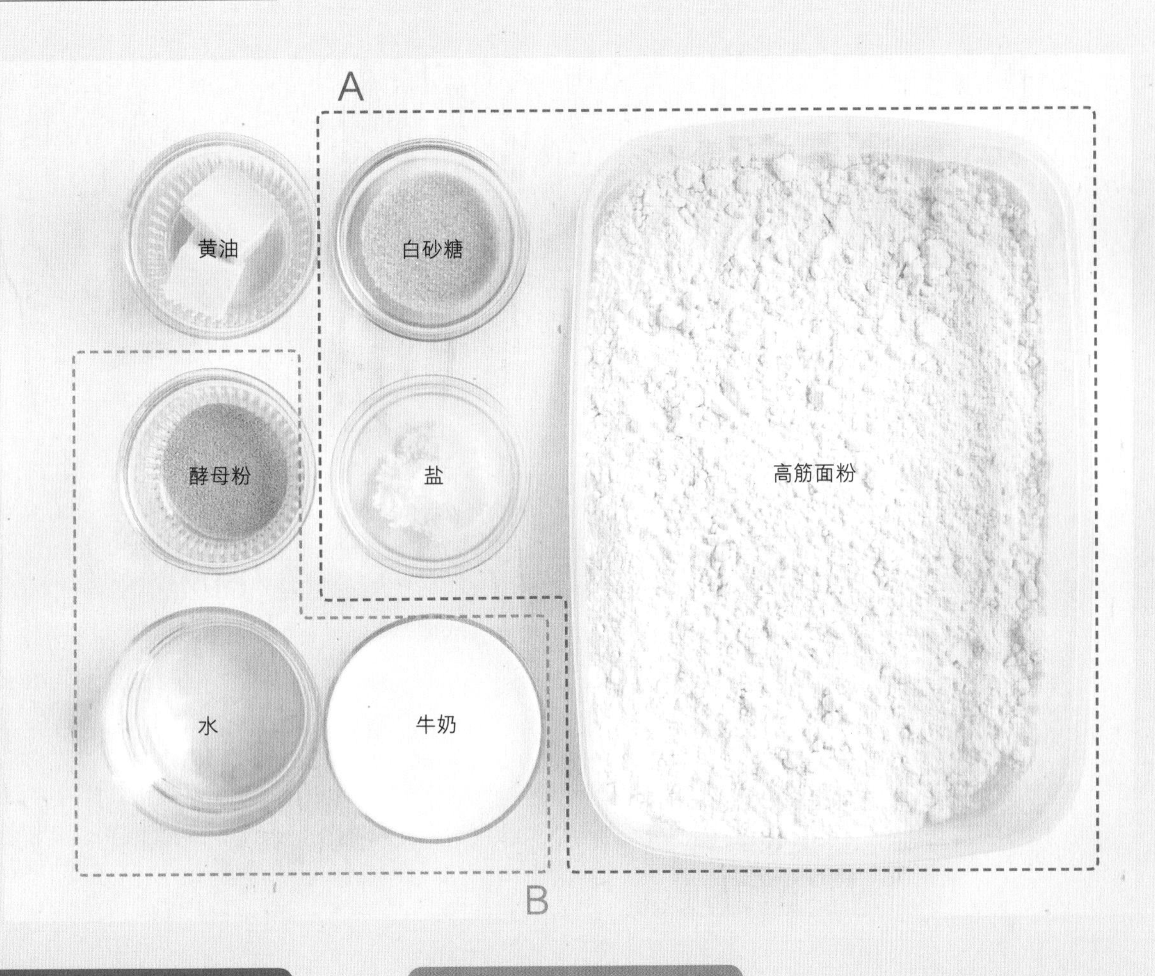

在保鲜盒里混合的材料

A

高筋面粉

高筋面粉蛋白质含量较高，筋度和黏性较强，比低筋面粉有嚼劲，更适合做面包。

白砂糖

既能增加面包的甜味，又能促进发酵。本书使用的是细砂糖，可以根据喜好调整。

盐

不仅可以增添面包的风味，而且可以使发酵稳定进行，使面团更筋道。可根据喜好调整用量。

在小碗里混合的材料

B

牛奶

将高筋面粉中的面筋成分分离出来，融入整个面团中。水也可以起到这个作用，但牛奶可以增添香气。也可使用原味豆浆。

水

作用和牛奶一样。牛奶有将面团收紧的作用，水可将面团软化。

酵母粉

发酵时必须要使用颗粒状酵母粉。开封后的酵母粉发酵功效会慢慢减弱，所以酵母粉越新越好。最好冷冻保存。

黄油

在面团里加入油脂成分，可加强面团的延展性，并使口味更佳。本书使用的均为有盐黄油，无盐黄油也可以。

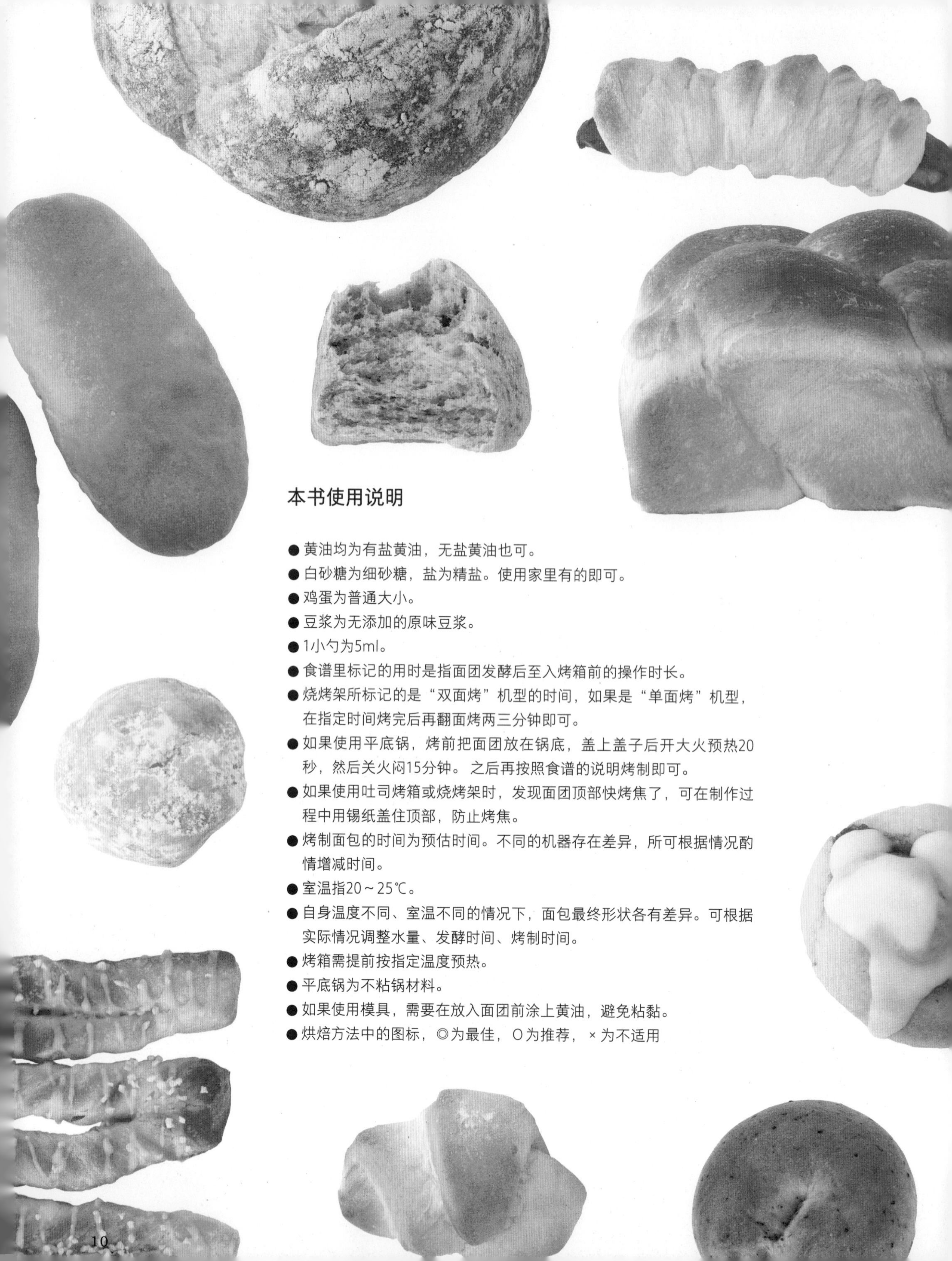

本书使用说明

- 黄油均为有盐黄油，无盐黄油也可。
- 白砂糖为细砂糖，盐为精盐。使用家里有的即可。
- 鸡蛋为普通大小。
- 豆浆为无添加的原味豆浆。
- 1小勺为5ml。
- 食谱里标记的用时是指面团发酵后至入烤箱前的操作时长。
- 烧烤架所标记的是“双面烤”机型的时间，如果是“单面烤”机型，在指定时间烤完后再翻面烤两三分钟即可。
- 如果使用平底锅，烤前把面团放在锅底，盖上盖子后开大火预热20秒，然后关火闷15分钟。之后再按照食谱的说明烤制即可。
- 如果使用吐司烤箱或烧烤架时，发现面团顶部快烤焦了，可在制作过程中用锡纸盖住顶部，防止烤焦。
- 烤制面包的时间为预估时间。不同的机器存在差异，所可根据情况酌情增减时间。
- 室温指20～25℃。
- 自身温度不同、室温不同的情况下，面包最终形状各有差异。可根据实际情况调整水量、发酵时间、烤制时间。
- 烤箱需提前按指定温度预热。
- 平底锅为不粘锅材料。
- 如果使用模具，需要在放入面团前涂上黄油，避免粘黏。
- 烘焙方法中的图标，◎为最佳，O为推荐，×为不适用

PART

1

轻松上手的基础面包

周末将面团准备好，每天都可以享用到新出炉的面包了。本章主要介绍制作基础面包的工具、材料和做法，并且尽可能以浅显易懂的方式介绍每道工序，即使是新手也可以轻松入门。

基础面包的制作过程

首先从这里开始

首先从最基本的面包开始制作，尽量省去复杂繁琐的工序，初学者也可以简单操作。只要掌握这些步骤，就可以灵活运用不同的面粉、材料、工具等进行创新。

BASIC

先从最基础的材料混合和发酵开始学习

用时 22分钟

每天都想吃的经典味道

基础面包

材料（约45g，16个）

A
- 高筋面粉 … 400g
- 白砂糖 … 20g
- 盐 … 6g

B
- 牛奶（或原味豆浆）… 200g
- 水 … 80g
- 酵母粉 … 4g

黄油 … 20g

准备 将牛奶（或原味豆浆）、水和黄油恢复至室温。

混合材料（2分钟）

1

将酵母粉倒入牛奶中

将材料B中的牛奶（或原味豆浆）和水倒入小碗中混合，撒入酵母粉，静置片刻，等酵母粉吸水并溶解。

POINT

吸水的状态。这样酵母粉就不会结块了。将牛奶和水恢复至室温后再撒入酵母粉，会更好地溶解。

2

将粉类混合

在保鲜盒里加入材料A，充分混合。

POINT

用刮板混合均匀。

3

将粉类和液体混合

在步骤2的粉中倒入步骤1的液体。

POINT

一定要确认酵母粉是否已充分溶解。

揉匀面团（3～4分钟）

4 用刮板搅拌

用刮板从上向下切入，把粉类和液体慢慢混合、搅拌到一起。

POINT

边旋转保鲜盒边搅拌，混合均匀即可。

5 加入黄油

将黄油捏成小块，放在面团上，用刮板以切的方式混合均匀。

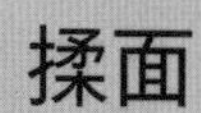

6 揉面

将面团反复拉伸、折叠两三分钟后，将面团揉成形。

发酵一晚（1分钟）*不含醒发时间

7 醒面

面团揉匀后，盖上盖子，静置5分钟。

P23葡萄干面包从这里开始 Start

8 表面修整光滑

将面团的两端向下拉，叠在一起。转90°后重复此动作，直至面团变圆且表面光滑。

POINT

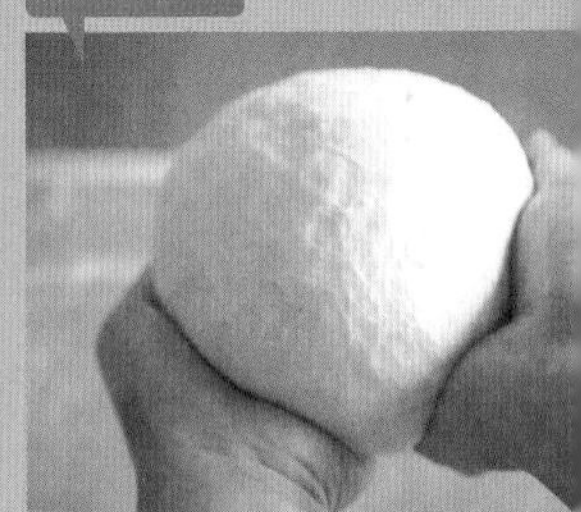

表面光滑即可。注意不要用力过度，以免将面团扯断。

9 发酵

将面团放入保鲜盒，盖上盖子，冷藏约8小时，发酵至原来的1.5～2倍大小即可。

基础面团完成！

P38～71的百变面包就是用这种面团制作的。

切分面团（1分钟）

10 取出面团

从冰箱里拿出发酵好的面团。

P27菠萝包从这里开始 Start

11 切出所需用量

用刮板切出所需的面团。可以撒一点儿高筋面粉在盖子上，把面团放在上面切，避免粘黏。

POINT

剩余的面团上也要撒一点儿高筋面粉。

12 切分

用刮板把面团分成适当大小。

烘烤（15分钟）＊烤箱180℃的情况下

13 放在烤盘上

在烤盘上铺好烘焙纸，把切好的面团摆在上面静置、松弛15～20分钟，这样烤出的面包口感更松软。

14 冷却

在180℃预热的烤箱中烘烤15分钟。烤好后放在烤网上冷却。

烘烤方法
◎烤箱（180℃）15分钟
○吐司烤箱（1200W）8分钟
○烧烤架（小火）5分钟
○平底锅（中小火）两面各7分钟

完成！

memo

按照步骤8将面团揉匀。

放回保鲜盒，盖好盖子，冷藏可保存5天。

剩余面团每天用干净的手揉一次以上

步骤11切剩的部分要重新揉面，帮助面团排气，防止发酵过度影响味道。

同一面团的
不同做法

用4种做法制作不同口感的面包

即使是同一个面团，利用不同的做法，口感和外形也会不同。当然首选还是烤箱和吐司烤箱，但用烧烤架和平底锅做出来的面包也值得一试。

烘烤方法

◎烤箱（180℃）15分钟

○吐司烤箱（1200W）8分钟

○烧烤架（小火）5分钟

○平底锅（中小火）两面各7分钟

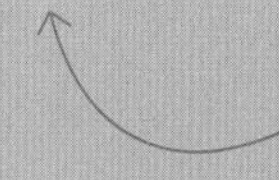

这是一般的制作时间。不同的机器用时会有差异。拿起烤好的面包，如果感觉重量异常，有可能是内部没有烤熟，可依照具体情况延长烤制时间。

01 烤箱

在烤盘上铺好烘焙纸，放上面团。放入180℃预热的烤箱中，按指定时间操作即可。烤箱的优点在于面团受热均匀，烤出的面包整体非常松软。

02 吐司烤箱

铺上锡纸，并涂一层油防止粘黏，放入面团。用1200W的挡位，按指定时间操作即可。使用硅树脂材料的烘焙纸更佳。

如果发现表面已上色，可在烤制过程中在面包上盖一张锡纸。这样可以使烤出来的面包外表焦脆、内部筋道。

03 烧烤架

在锡纸上涂一层薄油，铺在烤网上。使用硅树脂材料的烘焙纸更佳。

双面烤机型的烧烤架，需要小火烤5分钟。（如果是单面烤机型，单面烤5分钟后翻面再烤两三分钟即可。）如发现表面发焦，可用锡纸将面包盖住。这样烤出来的面包外表焦脆、内部松软。

04 平底锅

如果是有涂层的不粘锅，可直接使用；如果是铁锅，需要铺一层烘焙纸，再放入面团。烤前把面团放入锅里，盖上盖子后大火预热20秒，然后关火闷15分钟。

盖上盖子，用中小火加热7分钟，翻面再盖上盖子加热7分钟。这样烤出的面包表面焦脆，内部像蒸锅做出来的一样松软。

* 吐司烤箱、烧烤架、平底锅这3种做法可根据不同的食谱使用。※烘烤时间根据不同食谱所标注的时间操作。

牢记！

保存方法和解冻窍门

只要提前准备好面团，就可以随时在家烤制属于自己的面包了，只要找时间把面团预备好即可。下面介绍可封存住美味的保存和解冻方法。

保存

冷藏保存5天

在冰箱冷藏发酵后可保存5天。吃的时候切下所需分量，做好造型，剩余的面团放回保鲜盒里即可（P17）。每天将剩余面团揉一次。

面团需要每天揉一次来排气

保鲜盒盖好盖子，放入冰箱冷藏。刚揉好的面团需要在室温下静置20分钟左右再冷藏，会更有利于发酵。

发酵前

面团冷藏8小时，温度控制在7℃为最佳。

发酵后

面团膨胀至1.5～2倍为最佳。如果超出这个范围，需要进行排气。面团可以冷藏保存5天。

冷冻保存1个月

发酵8小时以上的面团，切分、塑形后再冷冻保存。

不要直接冷冻面团，而要将面团做成要烤的形状再冷冻。

冻成形后放入可密封的保鲜袋里冷冻即可。

解冻

制作前一天从冷冻室移入冷藏室

解冻后的面团表面发黏，无法直接用手拿捏。所以要将面团放在烘焙纸上再解冻，这样就不需要用手触摸了。

等不及也可以用微波炉解冻

如果第二天早上烤，前一天晚上就要把面团拿到冷藏室解冻。

如果要马上烤，也可以用微波炉加热30秒，解冻后再烤。

memo

将每次所需的材料混合，做成“小面口袋”更方便！

如果经常做面包，可以一次将所需的高筋面粉、盐、白砂糖提前称好，混合做成多个“小面口袋”备用，做面包时就更方便了。需要的粉类材料都准备好了，做的时候也不会弄脏手。只需往袋子里加入牛奶、水和酵母粉，把袋子摇一摇，把结块的部分隔着袋子揉开就可以了。

在基础面团中添加馅料

如果要制作带馅的面包，要在制作基础面团（P12～15）时，混合馅料后再发酵。

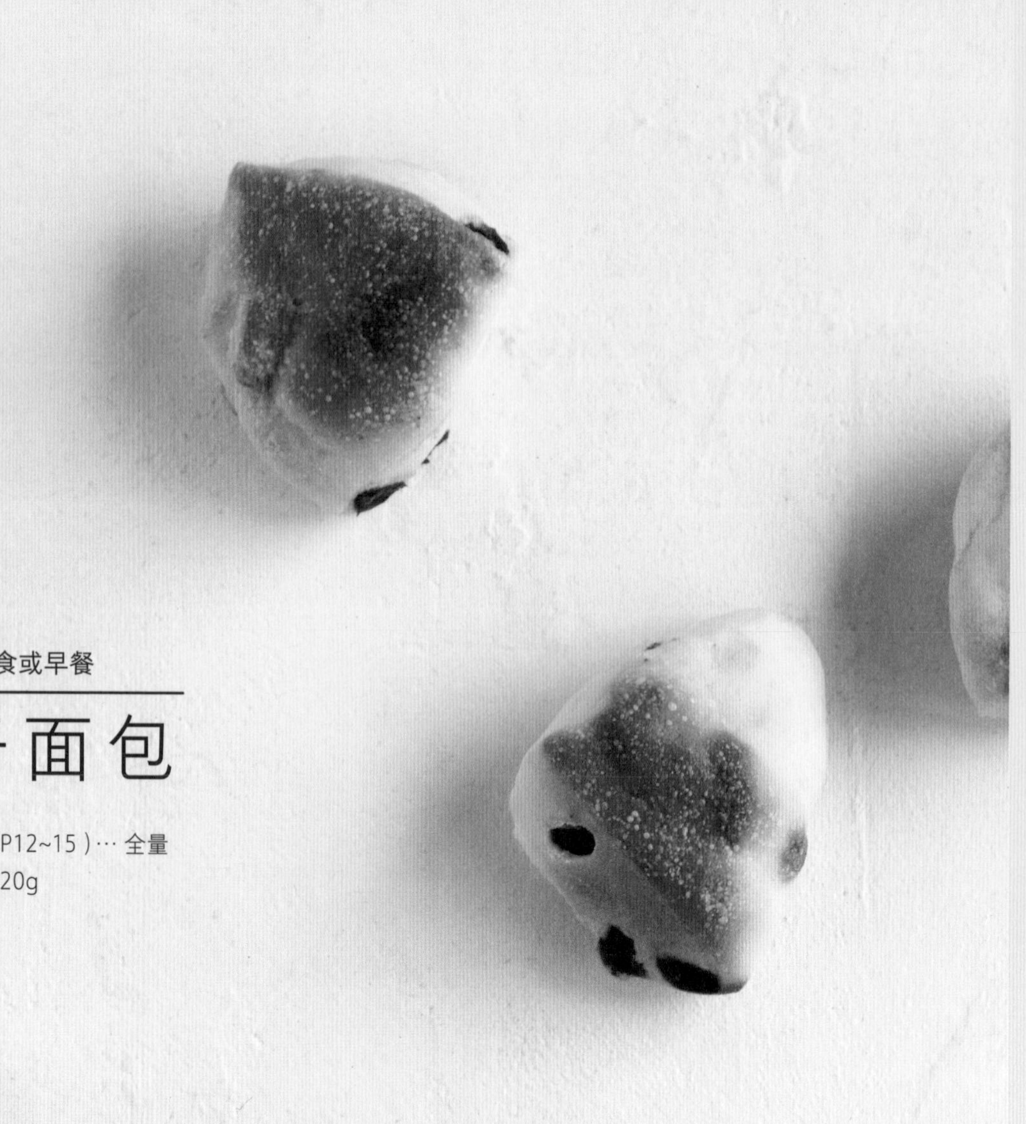

用时
10分钟

适合当小零食或早餐

葡萄干面包

材料 基础面团（P12~15）… 全量
葡萄干 … 120g

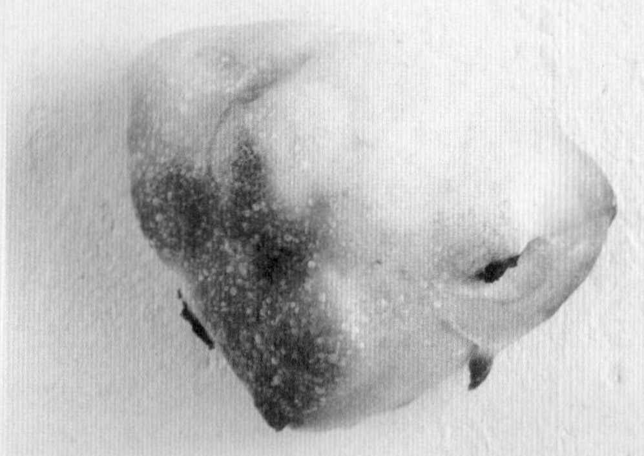

BASIC
只需发酵前在基础面团中
混入馅料

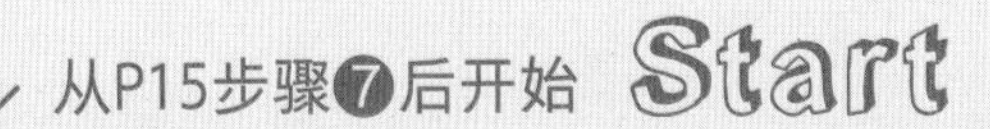

混合方法

1

从步骤⑦（P15）之后，将葡萄干撒在面团上，用刮板将面团对半切开。

2

将切开的面团上下重叠，从上向下用力压平。再对半切开、重叠，从上向下用力压平。

3

将掉出来的葡萄干放在面团四周，将面团揉3次左右，成团后继续步骤⑧（P15）之后的操作即可。

不同的馅料
进行组合
乐趣无穷

适合做馅料的食材

除了葡萄干，还可以换成其他食材，尝试各种馅料的面包。

小朋友们最喜欢

巧克力豆

材料

巧克力豆… 120g
基础面团（P12～15）… 全量

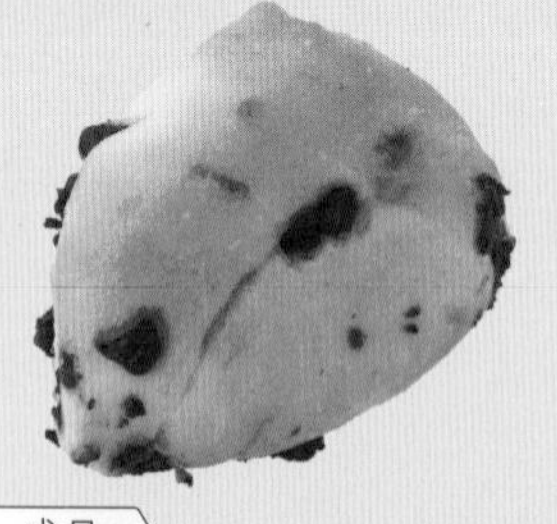

把整块巧克力切碎后加入也可以

成品

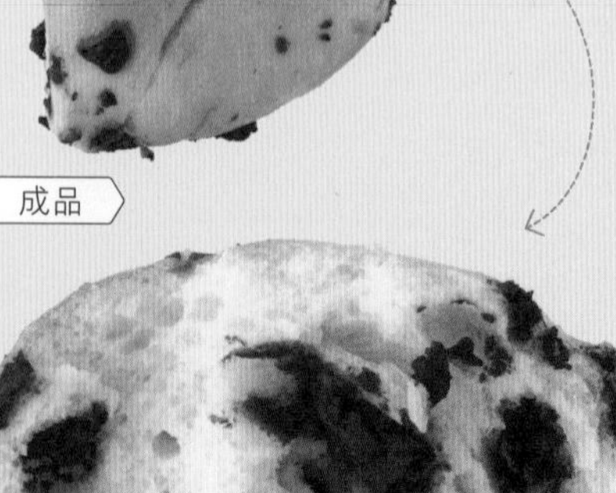

玉米粒的水分要充分沥干

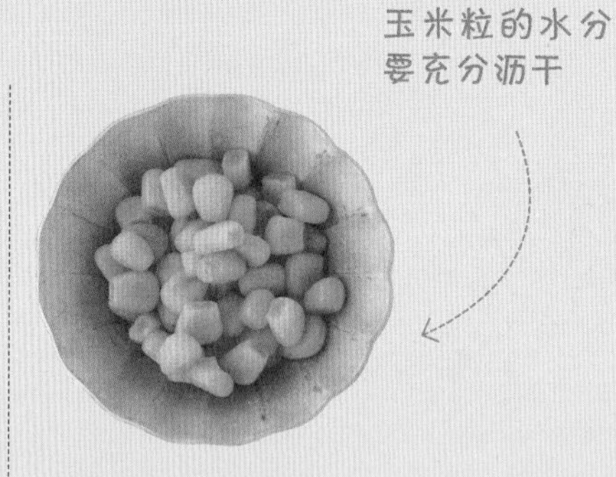

爆浆的口感非常棒

玉米粒

材料

玉米粒 … 120g
基础面团（P12～15）… 全量

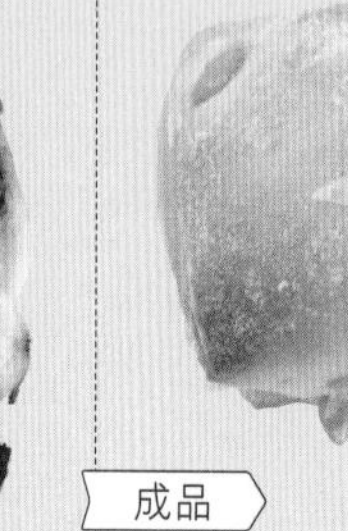

成品

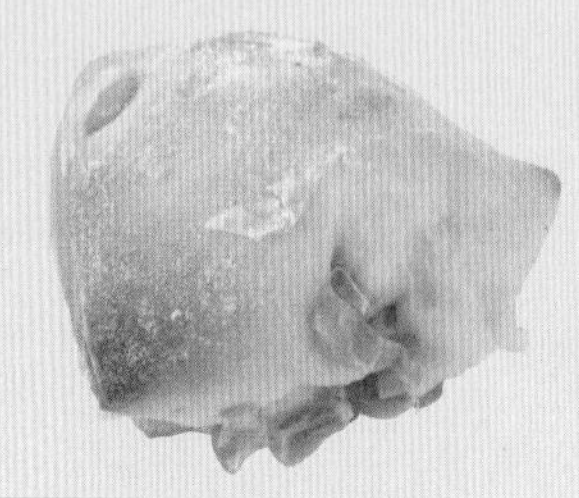

适合当早餐

奶酪块

材料

奶酪块 … 120g
基础面团（P12～15）… 全量

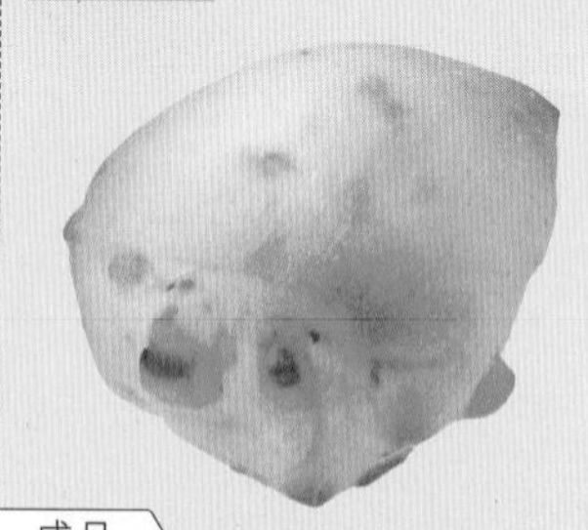

成品

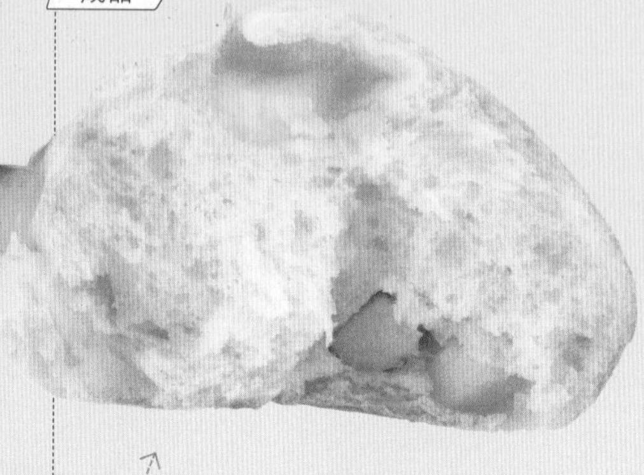

选自己喜欢的奶酪即可

有嚼劲

培根

材料

培根 … 120g

基础面团（P12～15）… 全量

培根切成骰子大小

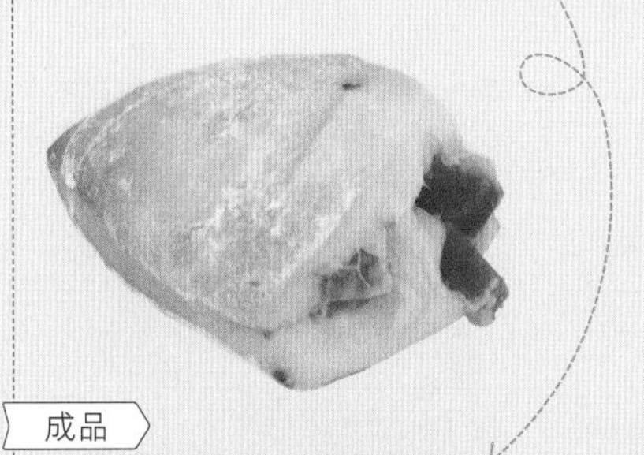

成品

让人上瘾

烤核桃

材料

烤核桃 … 120g

基础面团（P12～15）… 全量

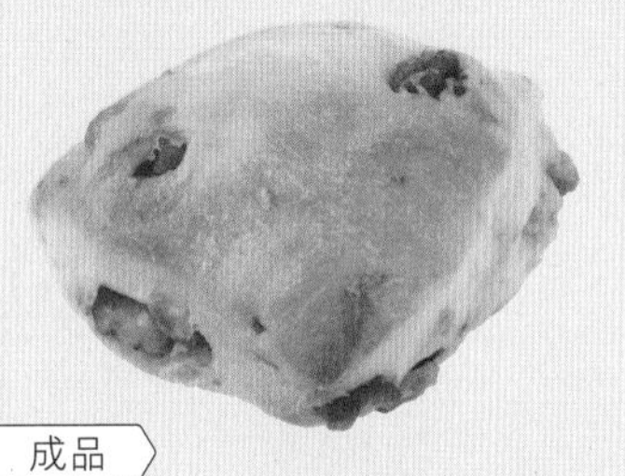

成品

丝丝香甜

甜纳豆

材料

甜纳豆 … 120g

基础面团（P12～15）… 全量

混合时注意不要将豆子压碎

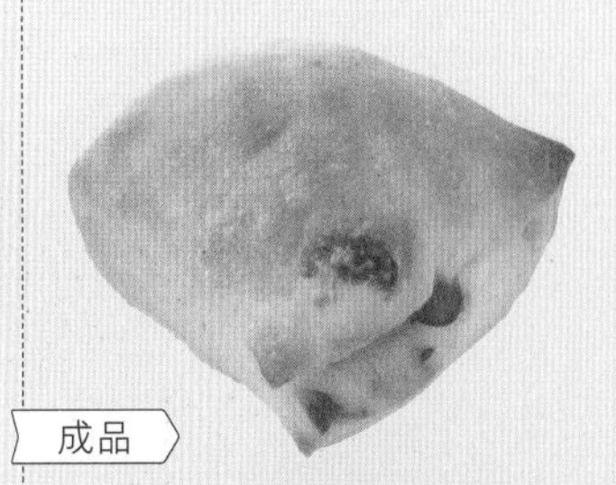

成品

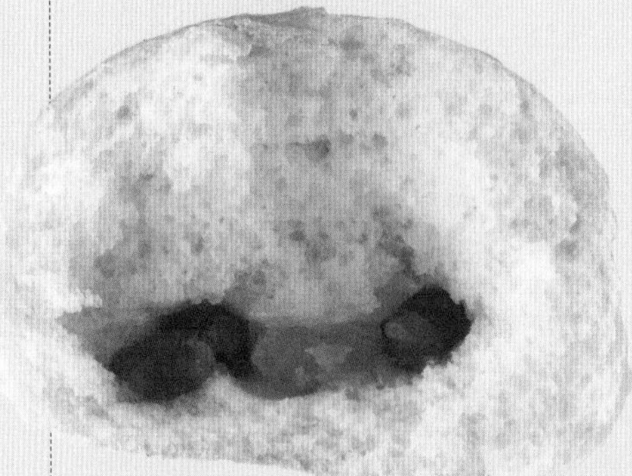

在基础面团中添加其他面团

在基础面团中加入曲奇面团、奶酪面团或蛋糕面团等不同材料，进行创新。

BASIC
创作出多种口味的创意面包

用时
15分钟

理想中的菠萝包不再是梦！

菠萝包

材料（6个）

基础面团（P12～15）… 300g
曲奇面团 … 约210g
糖粉 … 适量

从P16步骤⑩后开始 Start

1

将曲奇面团用保鲜膜包好，揉成10cm长的条，放入冰箱冷藏30分钟以上。将步骤⑩（P16）做好的基础面团切出300g，然后分成6等份。

2

将曲奇面团也分成6等份，分别用保鲜膜包裹，擀成可将基础面团盖住的大小。

3

将曲奇面皮放到基础面团上，边缘轻轻按压紧，表面撒上糖粉。

4

用刮板将曲奇面皮切出格子形。烤盘上铺好烘焙纸，摆上面团，放入180℃预热的烤箱中烤18分钟，然后冷却。

烘烤方法
◎烤箱（180℃）18分钟
○吐司烤箱（1200W）10分钟
○烧烤架（小火）8分钟
○平底锅（中小火）两面各10分钟

曲奇面团的做法

材料（约210g）
- 低筋面粉 … 100g
- 黄油（室温）… 45g
- 白砂糖 … 45g
- 鸡蛋液 … 23g
- 香草精油 … 数滴

1 将黄油放入碗里，用打蛋器将黄油搅拌成奶油状Ⓐ。放入白砂糖，再慢慢倒入鸡蛋液，混合搅拌，最后滴入香草精油。

2 加入低筋面粉，用刮刀搅拌均匀。

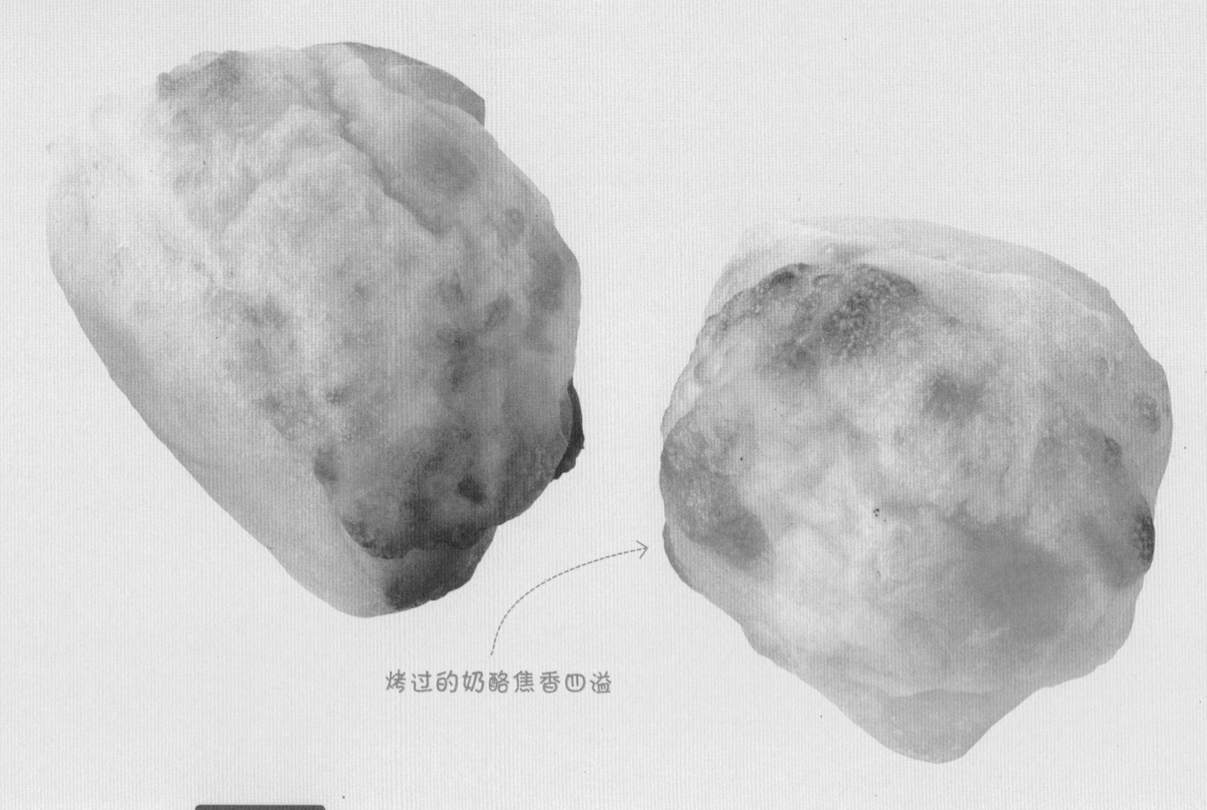

用时
10分钟

想到马上就可以做

奶酪面包

材料（6个）

基础面团（P12～15）… 240g

奶酪片 … 适量

1 将基础面团平均切分为6等份。

2 烤盘铺上烘焙纸，放入面团，中间隔开空隙，并在面团上放上奶酪片Ⓐ。放入180℃预热的烤箱中烤18分钟，然后冷却。

烘烤方法

◎烤箱（180℃）18分钟

○吐司烤箱（1200W）10分钟

○烧烤架（小火）8分钟

○平底锅（中小火）两面各10分钟

用时
15分钟

小巧可爱的零食面包

法式蛋糕面包

材料（6个）

基础面团（P12～15）… 300g
蛋糕面团 … 约100g

1 将基础面团平均切分为6等份。

2 烤盘铺上烘焙纸，放入面团，中间隔开空隙，用勺子在面团表面放上蛋糕面团Ⓐ。放入180℃预热的烤箱中烤18分钟，然后冷却。

烘烤方法

◎烤箱（180℃）18分钟
○吐司烤箱（1200W）10分钟
○烧烤架（小火）8分钟
×平底锅不适用

蛋糕面团的做法

材料（约100g）

低筋面粉 … 10g
杏仁粉（或低筋面粉）… 15g
黄油（室温）… 25g
白砂糖 … 25g
鸡蛋液 … 25g
香草精油 … 数滴

1 将黄油放入碗中，用打蛋器将黄油搅拌成奶油状。放入白砂糖搅拌，再慢慢倒入鸡蛋液，混合搅拌，最后滴入香草精油。

2 加入低筋面粉和杏仁粉，用刮刀搅拌均匀。

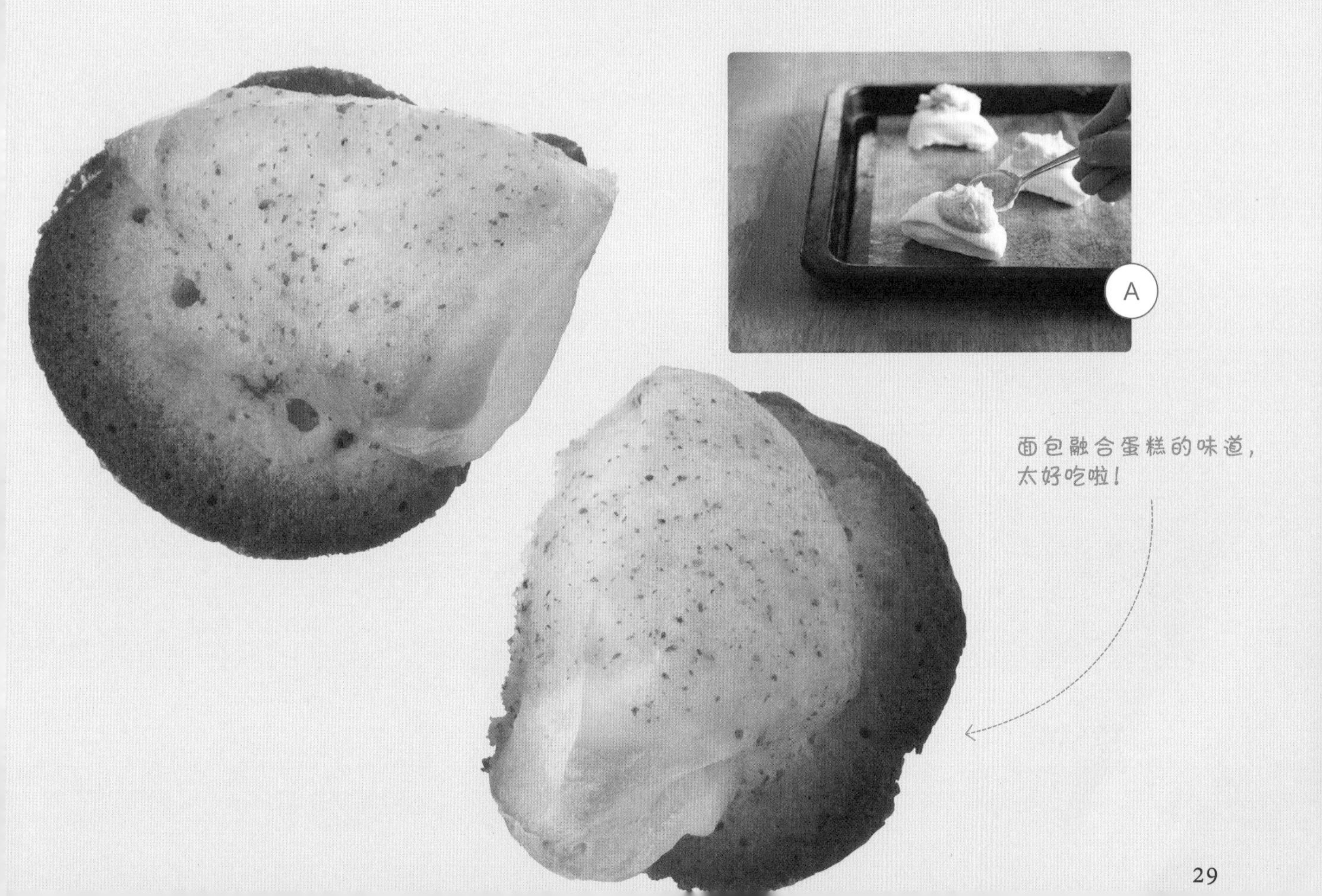

A

面包融合蛋糕的味道，太好吃啦！

用不同材料的面团做面包

基本操作和基础面包（P12～17）的做法一样。更换面团的材料，可以做出不同种类的面包。

成品

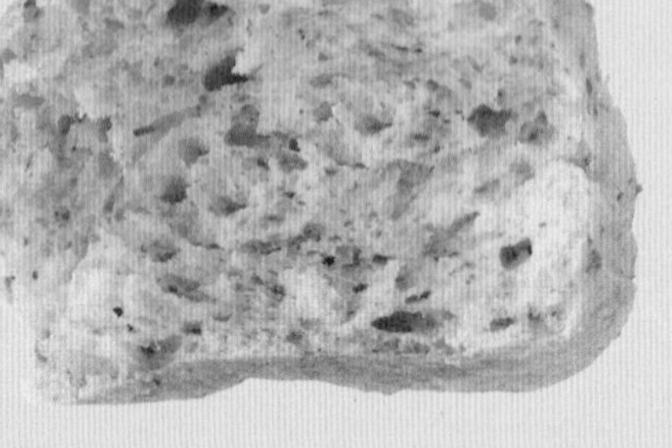

更突出小麦的香气

全麦面团

材料

A
- 高筋面粉 … 300g
- 全麦粉 … 100g
- 白砂糖 … 10g
- 盐 … 6g

B
- 牛奶（或原味豆浆）… 150g
- 水 … 130g
- 酵母粉 … 4g

成品

口感湿润且筋道

米粉面团

材料

A
- 高筋面粉 … 300g
- 米粉 … 100g
- 白砂糖 … 20g
- 盐 … 6g

B
- 牛奶（或原味豆浆）… 200g
- 水 … 80g
- 酵母粉 … 4g

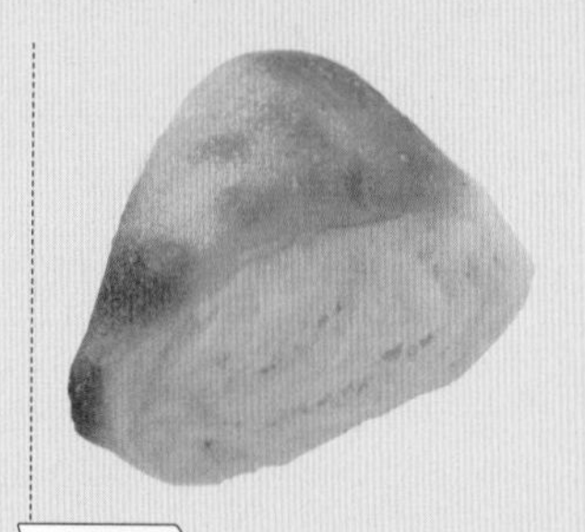

成品

用蛋黄酱代替黄油

蛋黄酱面团

材料

A
- 高筋面粉 … 400g
- 白砂糖 … 20g
- 盐 … 3g

B
- 牛奶（或原味豆浆）… 200g
- 水 … 60g
- 酵母粉 … 4g
- 蛋黄酱 … 40g

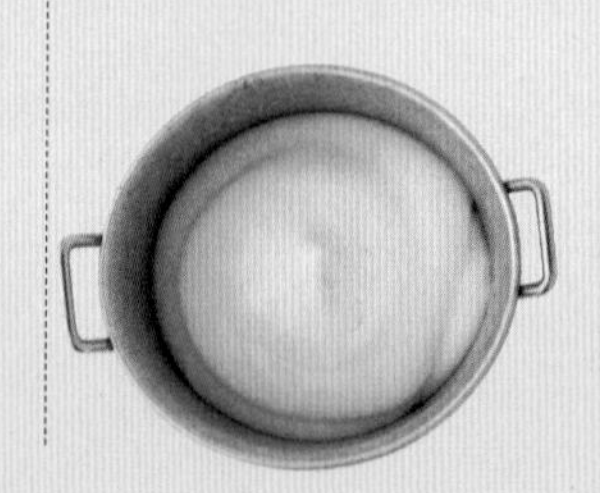

烘烤方法 ◎烤箱（180℃）15分钟
○吐司烤箱（1200W）8分钟
○烧烤架（小火）5分钟
○平底锅（中小火）两面各7分钟

这是一般的制作时间。不同的机器用时会有差异。拿起烤好的面包，如果感觉重量异常，有可能是内部没有烤熟，可依照具体情况延长烤制时间。

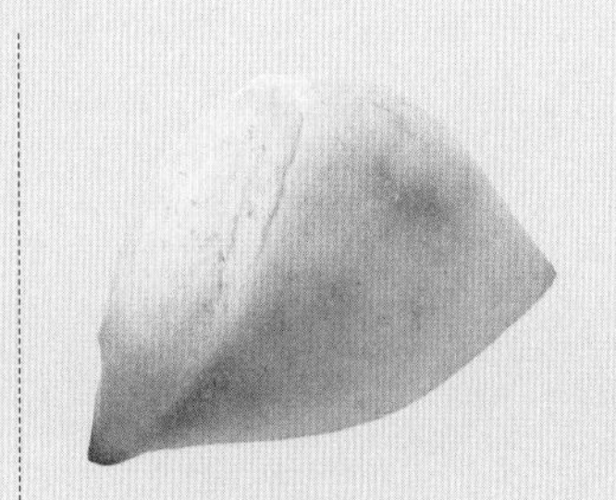

成品

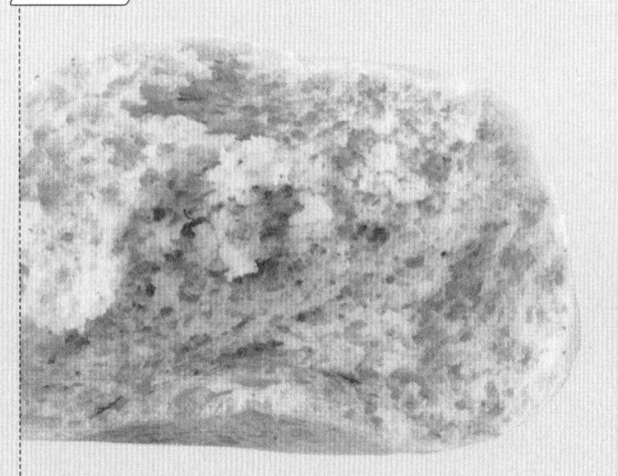

适合制作什锦面包

咖喱面团

材料

A | 高筋面粉 … 400g
白砂糖 … 20g
盐 … 7g
咖喱粉 … 5g

B | 牛奶（或原味豆浆）… 160g
水 … 120g
酵母粉 … 4g

黄油 … 20g

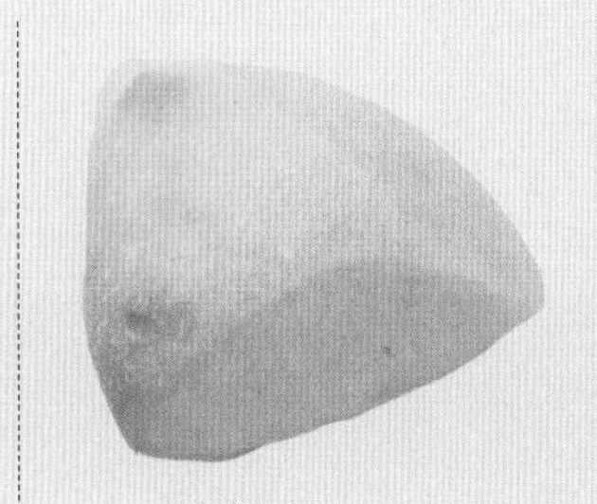

成品

各式各样的果汁

果汁面团

材料

A | 高筋面粉 … 400g
白砂糖 … 20g
盐 … 6g

B | 橙汁 … 200g
水 … 80g
酵母粉 … 4g

黄油 … 20g

* 芒果汁和苹果汁也推荐使用。

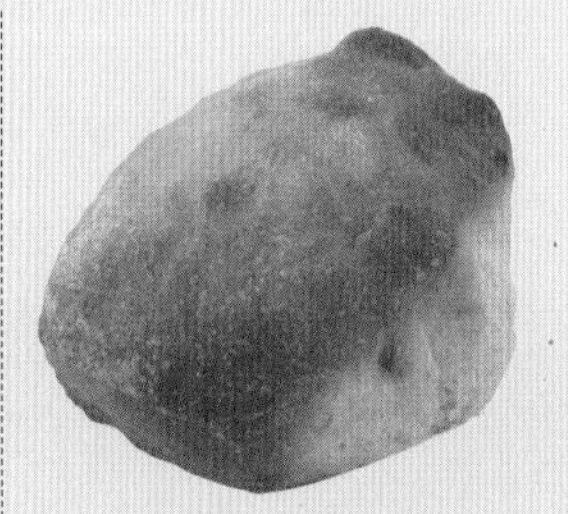

成品

缕缕鸡蛋的香味

鸡蛋面团

材料

A | 高筋面粉 … 400g
白砂糖 … 35g
盐 … 6g

B | 鸡蛋 2个+牛奶（或原味豆浆）共 … 200g
水 … 80g
酵母粉 … 4g

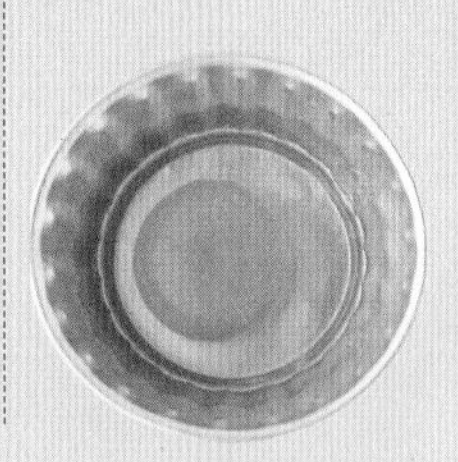

成品

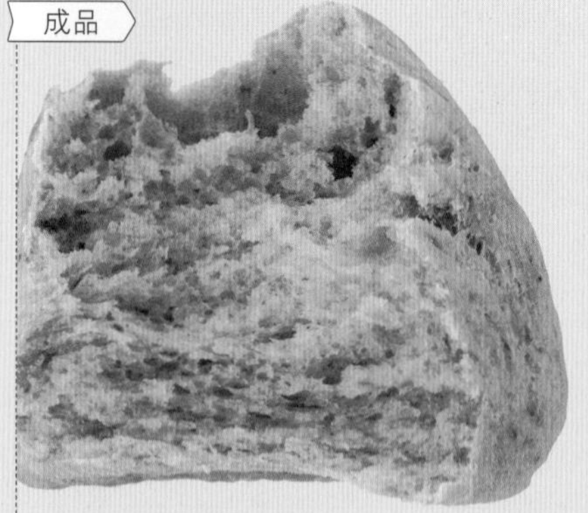

绿意盎然

抹茶面团

材料

A 高筋面粉 … 350g
低筋面粉 … 50g
白砂糖 … 40g
盐 … 6g
抹茶粉 … 10g

B 牛奶（或原味豆浆）… 200g
水 … 80g
酵母粉 … 4g

黄油 … 20g

*抹茶粉可换成同等分量的可可粉或蔬菜粉。

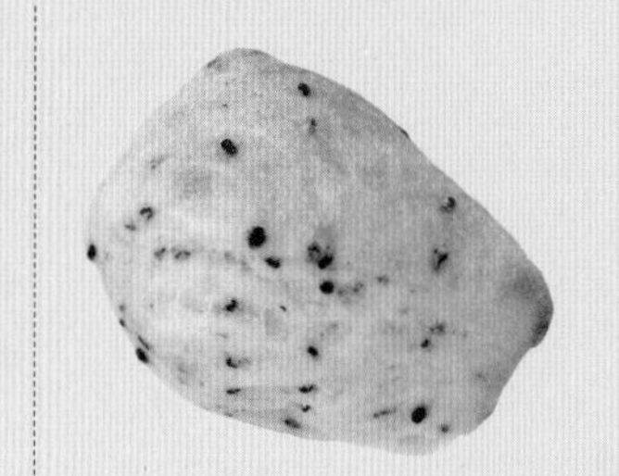

成品

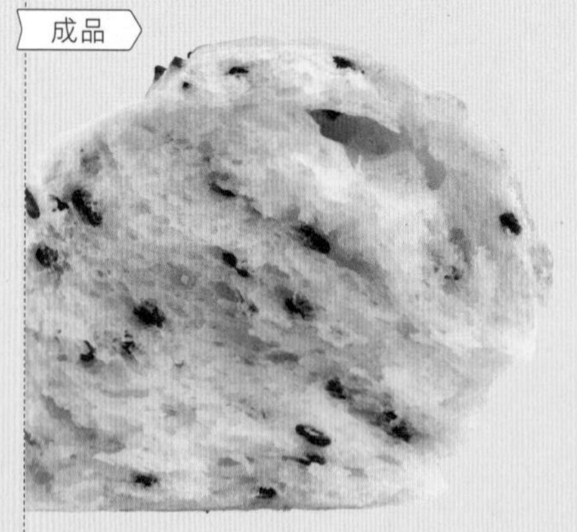

芝麻香飘四溢

芝麻面团

材料

A 高筋面粉 … 400g
白砂糖 … 20g
盐 … 6g
熟黑芝麻 … 20g

B 牛奶（或原味豆浆）… 150g
水 … 130g
酵母粉 … 4g

黄油 … 20g

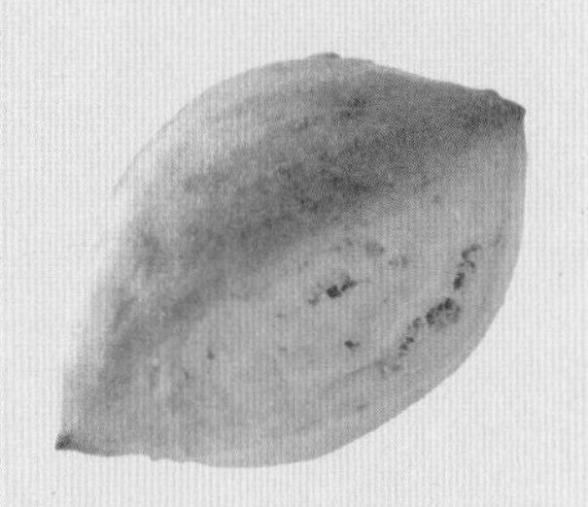

成品

甜味令人回味无穷

甜玉米面团

材料

A 高筋面粉 … 400g
白砂糖 … 20g
盐 … 6g

B 甜玉米粒 … 70g
牛奶（或原味豆浆）… 200g
水 … 50g
酵母粉 … 4g

黄油 … 20g

*尽量沥干水分。

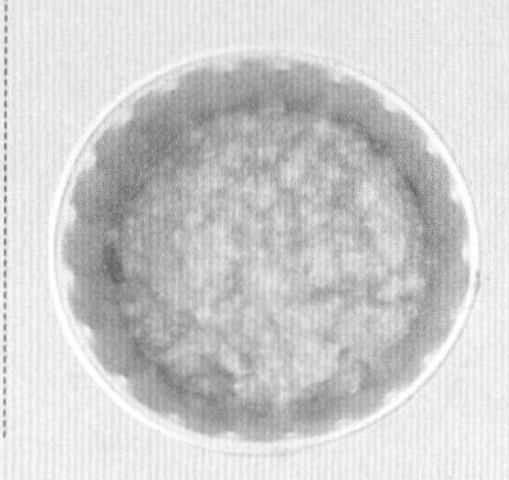

成品

松软可口

奶油面团

材料

A | 高筋面粉 … 400g
白砂糖 … 20g
盐 … 6g

B | 鲜奶油 … 200g
水 … 60g
酵母粉 … 4g

黄油 … 20g

成品

有益健康

豆腐面团

材料

A | 高筋面粉 … 400g
白砂糖 … 20g
盐 … 6g

B | 嫩豆腐 … 100g
牛奶（或原味豆浆）… 100g
水 … 60g
酵母粉 … 4g

黄油 … 20g

成品

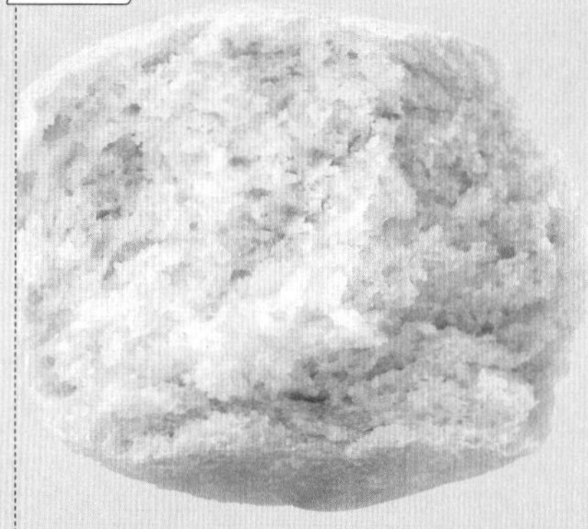

膳食纤维丰富

豆渣面团

材料

A | 高筋面粉 … 400g
豆渣 … 200g
白砂糖 … 20g
盐 … 6g

B | 牛奶（或原味豆浆）… 200g
酵母粉 … 4g

不论是基础面包还是零食面包，甚至是复杂的佐餐面包，只要提前预备好基础面团，就可以每天享用到新鲜出炉的美味。

自由搭配
乐趣无穷

自由组合做面包

做面包其实很简单，也很随意。基本就是面团、馅料、形状 3项组合。用哪种面团，加入哪种馅料，做成哪种形状，其实都没有固定的规则。比如，可以把豆沙面包做成长条形，也可以用吐司面团做热狗卷。只要记住这些做面包的小常识，就可以自由发挥，制作出各种不同的面包了。

面团 + 馅料 + 形状
自由组合搭配！

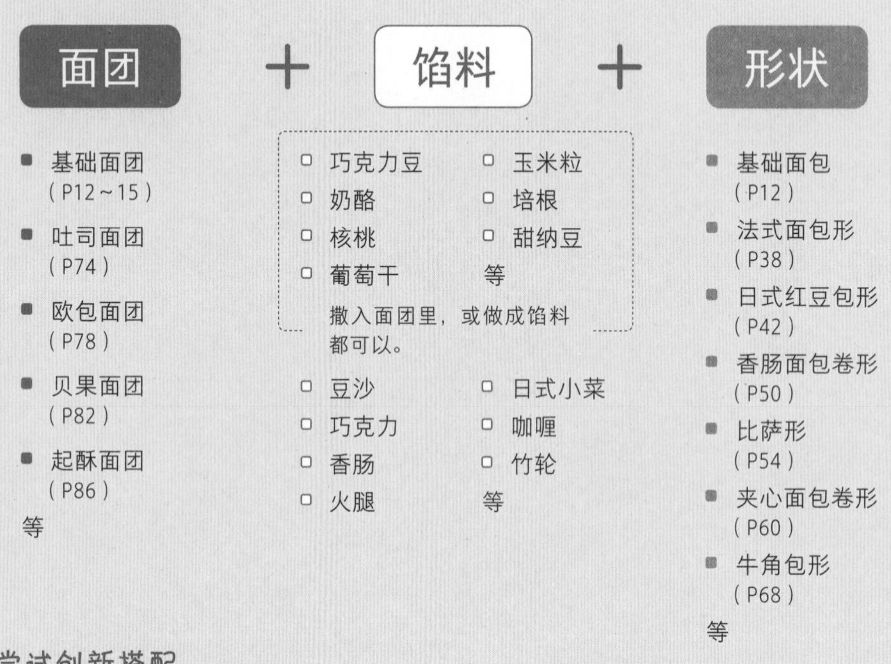

尝试创新搭配，
做出属于自己的面包！

面团		馅料		形状		成品
基础面团	+	咖喱 玉米粒	+	日式红豆包形	=	玉米咖喱包
贝果面团	+	奶酪 培根	+	基础面包	=	培根奶酪包
起酥面团	+	豆沙	+	牛角包形	=	豆沙牛角包

PART

2

口味丰富的百变面包

利用基础面团，变换馅料以及形状，进行创新尝试。本章介绍28种面包的做法，可以用身边现有的食材进行创作。

拉伸再折叠

法式面包形

用基础面团通过拉伸再折叠，做成法式面包形。面团切分好后，根据面团的大小做成细长条或圆形均可。只需简单烘烤，就可以拿来做成各种三明治。

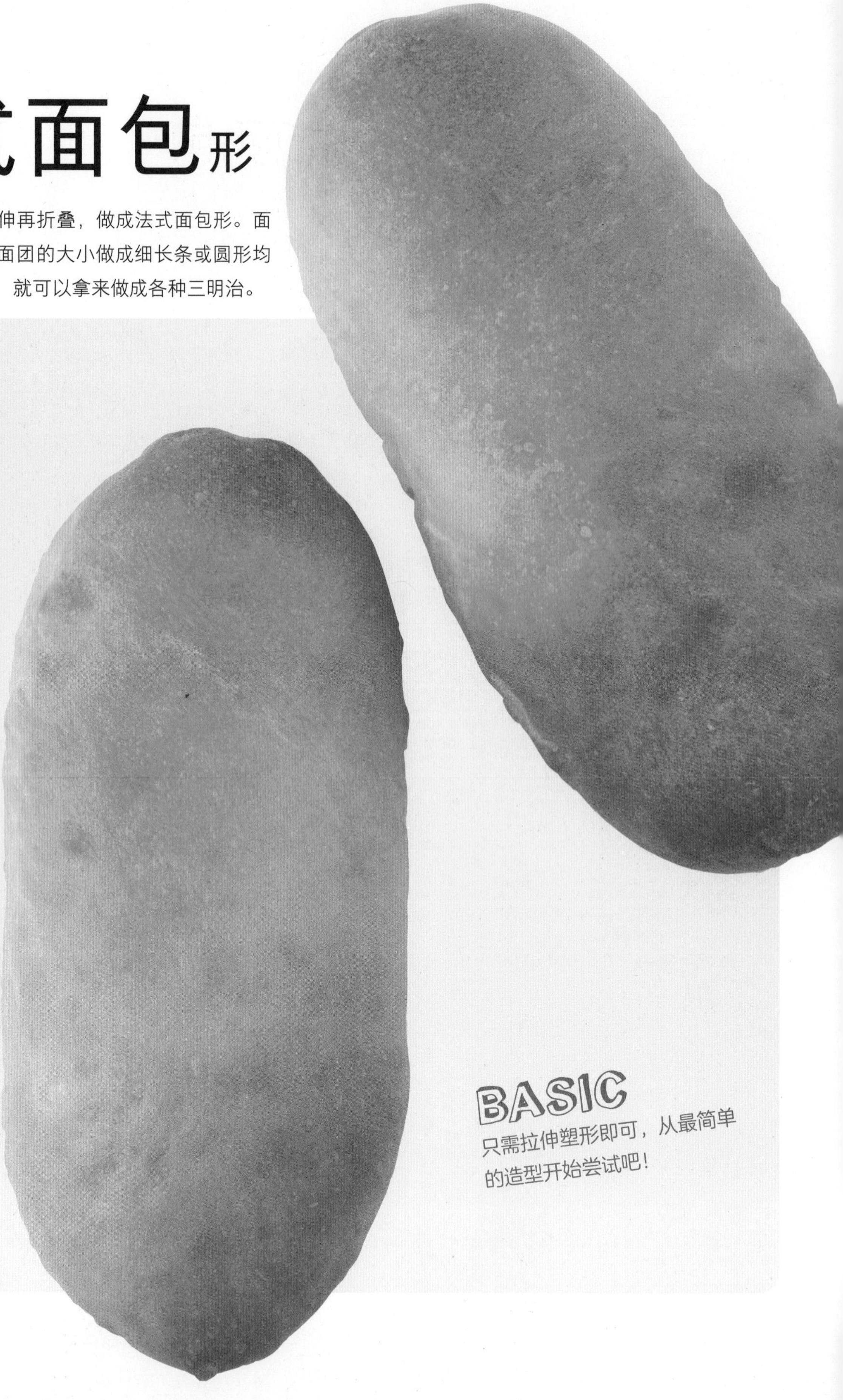

BASIC

只需拉伸塑形即可，从最简单的造型开始尝试吧！

法式面包形

基础法式面包

每天都想吃的经典味道。烤前涂些牛奶，成品会更有光泽。

材料（6个）

基础面团（P12～15）… 360g

牛奶 … 少许

烤前使用的材料，可使成品有光泽

尽量切成长方形

1 切分出360g基础面团，放在撒好高筋面粉的案板上，将面团分成6等份。

2 用擀面杖将每块面团擀成7mm左右厚的长方形Ⓐ，横放，把面皮从上向中间折叠Ⓑ，卷至另一边，折叠起来，边缘捏紧Ⓒ。

3 烤盘铺上烘焙纸，将面团收口朝下摆在烤盘上。表面薄薄地涂一层牛奶Ⓓ，放入180℃预热的烤箱中烤15分钟，然后冷却。

烘烤方法

◎烤箱（180℃）15分钟

○吐司烤箱（1200W）8分钟

× 平底锅和烧烤架不适用

烤前在室温下静置并松弛15分钟，烤好的面包会更松软

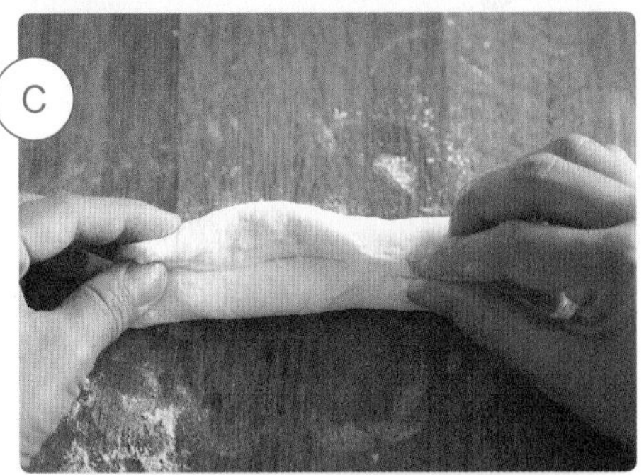

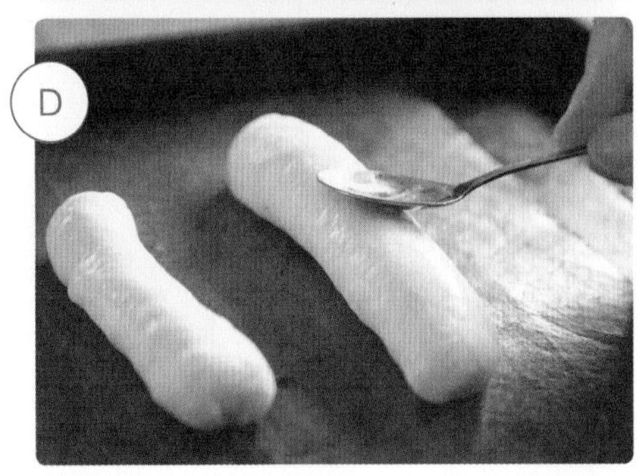

法式面包形

用时 7 分钟

蛋黄酱面包

将面团切开一条缝，挤上蛋黄酱即可。蛋黄酱烤后焦香四溢。

材料 （6个）

基础面团（P12～15）… 270g

蛋黄酱 … 适量

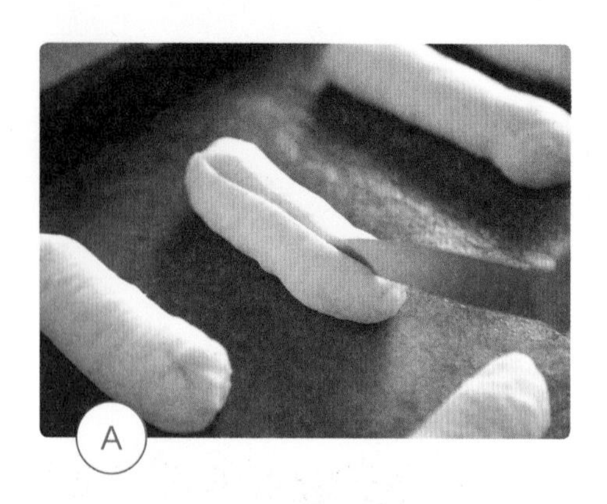

Ⓐ

1 切分出270g基础面团，做成基础法式面包（P39）的形状。

2 烤盘铺上烘焙纸，用刀将面团切开一条缝Ⓐ，挤上蛋黄酱，放入180℃预热的烤箱中烤15分钟，然后冷却。

剃须刀片或水果刀使用起来更方便

烘烤方法 ◎烤箱（180℃）15分钟

○吐司烤箱（1200W）8分钟

×平底锅和烧烤架不适用

法式面包形

用时 8 分钟

砂糖面包

白砂糖和杏仁碎口感酥脆，有淡淡香甜味的经典老式面包。

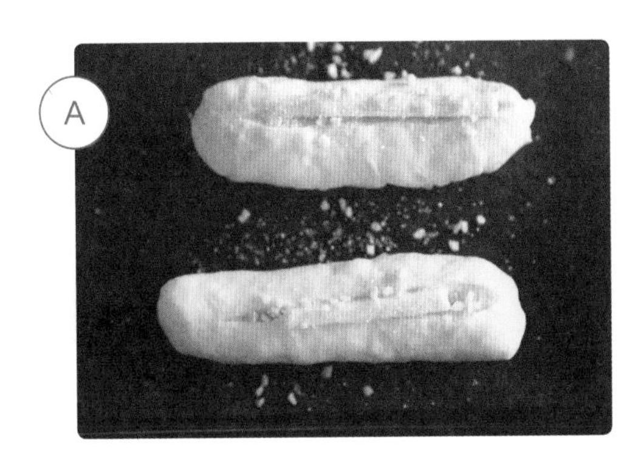

材料（6个）

基础面团（P12～15）… 270g

黄油 … 30g —— 等分成 6 块细长条

白砂糖 … 30g

杏仁碎 … 适量

1 切分出270g基础面团，做成基础法式面包（P39）的形状。

2 烤盘铺上烘焙纸，用刀将面团切开一条缝，放入黄油条，撒上白砂糖和杏仁碎Ⓐ。放入180℃预热的烤箱中烤15分钟，然后冷却。

烘烤方法

◎烤箱（180℃）15分钟

○吐司烤箱（1200W）8分钟

×平底锅和烧烤架不适用

日式红豆包形

如果要做带馅的面包，首推这种形状的。可以做成不同馅料的零食面包或日式面包。用烤箱或吐司烤箱烤后，面包会膨胀，如果用平底锅做，可以做成日式煎包的形状。

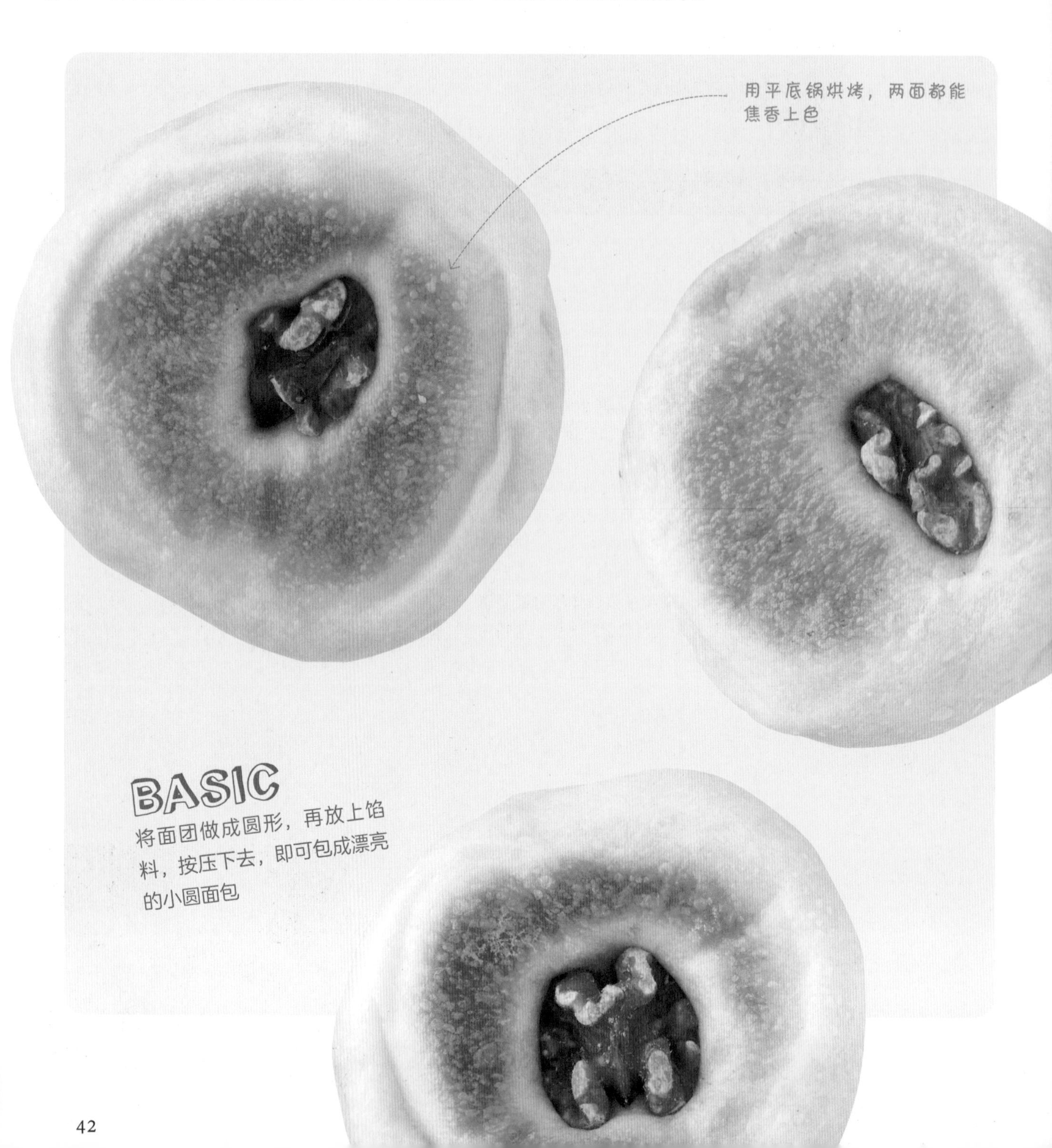

日式红豆包形

用时 10分钟

咖啡红豆包

咖啡和红豆完美融合，散发出成熟的味道。在烤制过程中静置15分钟，可达到二次发酵的作用。

材料（6个）

基础面团（P12～15）… 270g

A
- 豆沙馅 … 150g
- 速溶咖啡粉 … 1小勺

烤核桃仁 … 6个

首选含水量低的豆沙馅，袋装好于罐头装

A

B
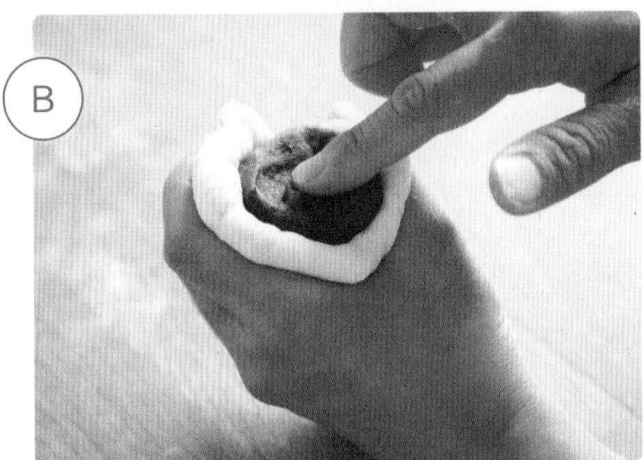

C

D

1 将材料A搅拌均匀，分成6等份。切分出270g基础面团，放在撒有高筋面粉的案板上。将基础面团分成6等份，分别揉圆后用手掌压成5mm厚的面饼Ⓐ。

2 用大拇指和食指围成一个圆，把面饼放在上面，再将豆沙馅放到面饼上，用手将面饼往圆里慢慢按压Ⓑ。将收口捏紧Ⓒ。

3 面团收口朝下放入锅中，把烤核桃仁按压进面团里Ⓓ。盖上盖子加热20秒，关火后静置15分钟，再用中小火，两面各烘烤7分钟，然后冷却。

烘烤方法
- ◎平底锅（中小火）两面各7分钟
- ○烤箱（180℃）15分钟
- ○吐司烤箱（1200W）8分钟
- ○烧烤架（小火）5分钟

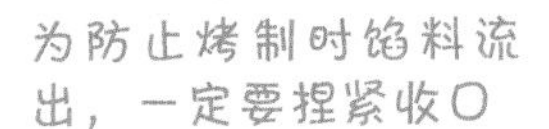

烤前将面团剪开，放上馅料，马上变身可爱的小面包

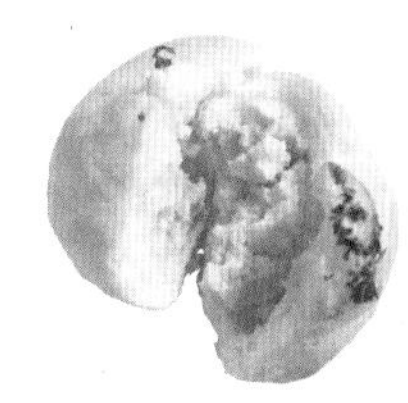

鸡蛋沙拉面包

日式红豆包形

用时 12分钟

每天早上都想吃的经典面包。用平底锅烤时不要将面团顶部剪开。

材料（6个）

基础面团（P12～15）… 270g
鸡蛋沙拉 … 180g
蛋黄酱 … 适量
罗勒碎 … 适量

1 切分出270g基础面团，做成咖啡红豆包（P43）的形状。将鸡蛋沙拉分成6等份。

2 参考咖啡红豆包的包法Ⓐ，将鸡蛋沙拉包入面饼中。烤盘铺好烘焙纸，将面团收口朝下放入烤盘。

3 将面团顶部剪十字刀Ⓑ，挤上蛋黄酱，撒罗勒碎。放入180℃预热的烤箱中烤15分钟，然后冷却。

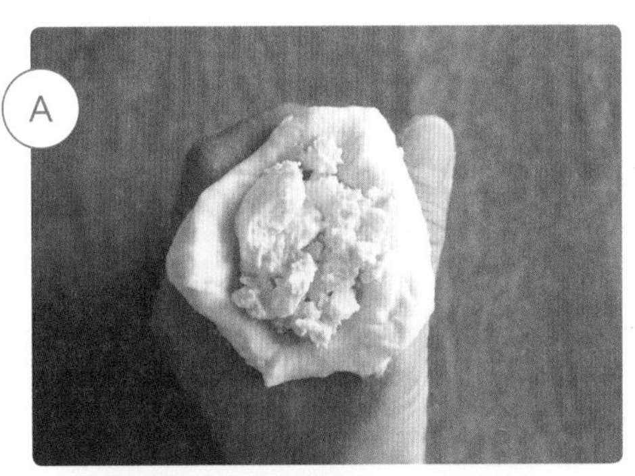
A

B

烘烤方法

◎烤箱（180℃）15分钟
○吐司烤箱（1200W）8分钟
○烧烤架（小火）5分钟
○平底锅（中小火）两面各7分钟

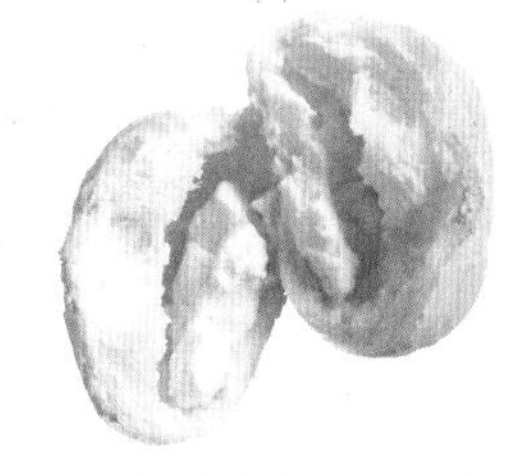

奶酪面包

日式红豆包形

用时 12分钟

包裹着白砂糖的奶油奶酪馅料，浓厚的奶酪香气让人上瘾。

材料（6个）

基础面团（P12～15）… 270g
奶油奶酪 … 150g
白砂糖 … 1小勺
奶酪粉 … 适量

1 切分出270g基础面团，做成咖啡红豆包（P43）的形状。将奶油奶酪切成1cm见方的块，撒上白砂糖，分成6等份。

2 参考咖啡红豆包的包法，将奶油奶酪馅包入面饼中Ⓒ。烤盘铺好烘焙纸，将面团收口朝下放入烤盘，撒上奶酪粉，放入180℃预热的烤箱中烤15分钟，然后冷却。

C

烘烤方法

◎烤箱（180℃）15分钟
○吐司烤箱（1200W）8分钟
○烧烤架（小火）5分钟
○平底锅（中小火）两面各7分钟

随意选择喜欢的小菜做馅料

日式红豆包形

用时 12分钟

日式煎包

把吃剩的小菜包入面团里，
马上变成煎包了。

材料 （6个）

基础面团（P12～15）… 270g
腌青菜、豆渣、干萝卜条等 … 共150g

1 切分出270g基础面团，做成咖啡红豆包（P43）的形状。将做馅料的小菜分成6等份。

2 参考咖啡红豆包的包法将馅料包好Ⓐ，并参考同样的烘烤方法用平底锅烤好后冷却。

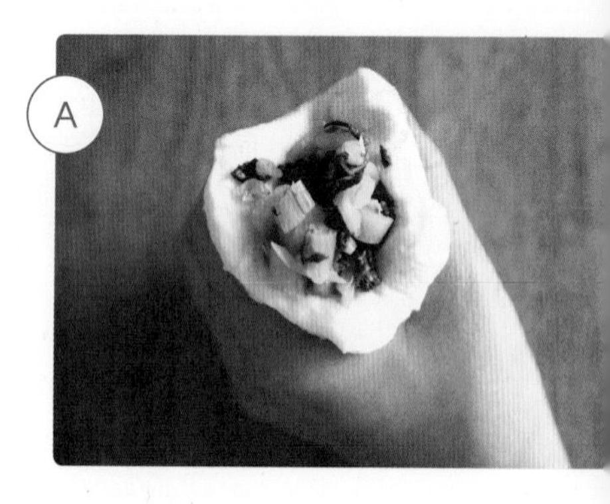

烘烤方法
◎平底锅（中小火）两面各7分钟
○烤箱（180℃）15分钟
○吐司烤箱（1200W）8分钟
○烧烤架（小火）5分钟

日式红豆包形

用时
15分钟

奶酪面包球

火腿和奶酪的经典搭配。洋葱保留了一丝清脆，吃的时候口感更丰富。

材料　（6个）

基础面团（P12～15）… 270g

A | 奶酪片 … 2片
  | 火腿 … 2片
  | 洋葱碎 … 1/8个的量

比萨奶酪 … 适量

1. 将材料A中的火腿切成条，奶酪片用微波炉（600W）加热1分钟，与洋葱碎混合后等分成6份。

2. 切分出270g基础面团，做成咖啡红豆包（P43）的形状，包入步骤1中的馅料Ⓐ。

3. 烤盘铺好烘焙纸，将面团收口朝下放在上面。面团顶部剪十字刀，放上比萨奶酪，放入180℃预热的烤箱中烤15分钟，然后冷却。

烘烤方法

◎烤箱（180℃）15分钟
○吐司烤箱（1200W）8分钟
○烧烤架（小火）5分钟
○平底锅（中小火）两面各7分钟

A

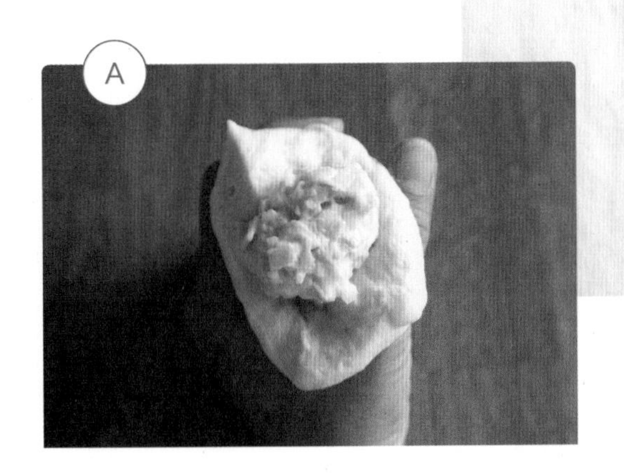

日式红豆包形

用时
12分钟

日式红薯包

用吐司烤箱烤过的热腾腾的红薯香甜无比。市面上卖的烤红薯也可以直接用作馅料。

材料（6个）

基础面团（P12～15）… 270g
红薯 … 150g
炒黑芝麻 … 适量

1 红薯带皮用吐司烤箱烘烤片刻，去皮、适量捣碎后分成6等份。切分出270g基础面团，做成咖啡红豆包（P43）的形状。

2 参考咖啡红豆包的包法，将红薯馅包好Ⓐ。烤盘铺好烘焙纸，将面团收口朝下摆好，撒上炒黑芝麻，放入180℃预热的烤箱中烤15分钟，然后冷却。

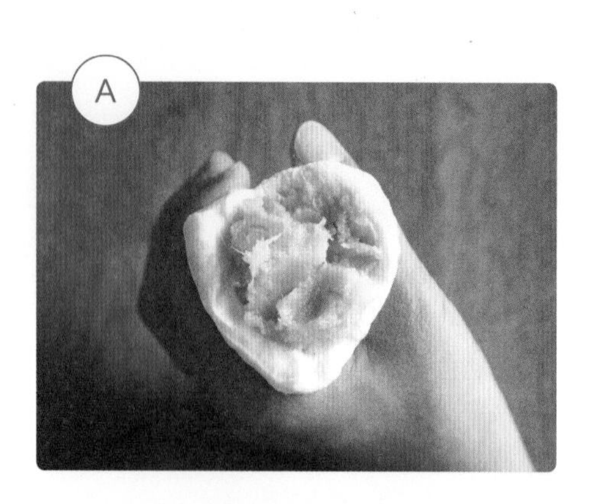

烘烤方法
◎烤箱（180℃）15分钟
○吐司烤箱（1200W）8分钟
○烧烤架（小火）5分钟
○平底锅（中小火）两面各7分钟

日式红豆包形

用时 15分钟

烤咖喱面包

无须油炸，更加健康。尽量减少咖喱馅料的水分。

材料 （6个）

基础面团（P12～15）··· 270g

A | 咖喱 ··· 160g
  | 猪肉馅 ··· 20g

蛋液、面包粉 ··· 各适量

欧芹碎 ··· 适量

吃剩下的咖喱即可，捣碎或整块都可以

1 在咖喱中加入猪肉馅，翻炒后冷却，分成6等份。切分出270g基础面团，做成咖啡红豆包（P43）的形状。

2 参考咖啡红豆包的包法，将咖喱馅包好Ⓐ。先裹一层蛋液，再裹上面包粉。

3 烤盘铺好烘焙纸，放入裹好蛋液和面包粉的面团，顶部撒上欧芹碎Ⓑ，放入180℃预热的烤箱中烤15分钟，然后冷却。

烘烤方法

◎烤箱（180℃）15分钟

○吐司烤箱（1200W）8分钟

○烧烤架（小火）5分钟

○平底锅（中小火）两面各7分钟

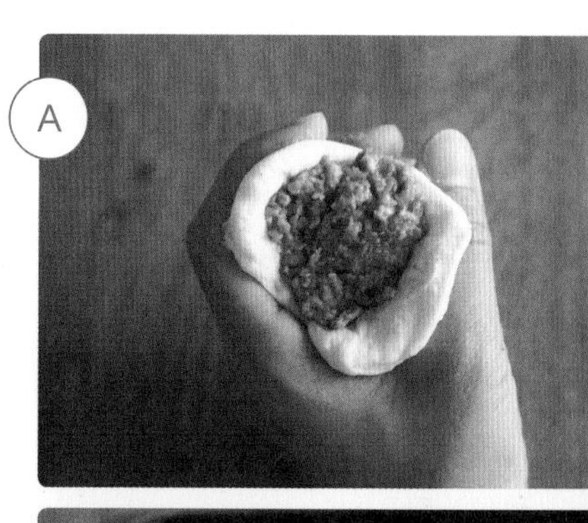

A

B

卷

香肠面包卷形

用面团将细长的食材一圈圈卷起来，尽量把食材的两头露出来一点儿，看起来会更可爱。

香肠面包卷形

用时
10分钟

香肠面包卷

建议选择微辣的乔里索西班牙肉肠。
口感超棒的零食小面包。

擀出来的面饼尺寸最好是20cm长、7mm厚

材料 （3个）

基础面团（P12～15）… 180g
长香肠 … 3根

1 切分出180g基础面团，放在撒有高筋面粉的案板上，用擀面杖擀成长方形面饼Ⓐ。

2 将面饼纵向切成3份Ⓑ，再将每一条面团搓成细长条Ⓒ，长度大概是香肠的2倍。

3 将面条搭在香肠正中间，从中间向两边卷在香肠上，最后捏紧收口Ⓓ。

4 烤盘铺好烘焙纸，放入卷好的面团。放入180℃预热的烤箱中烤15分钟，然后冷却。

烘烤方法

◎烤箱（180℃）15分钟
○吐司烤箱（1200W）8分钟
○烧烤架（小火）5分钟
○平底锅（中小火）两面各7分钟

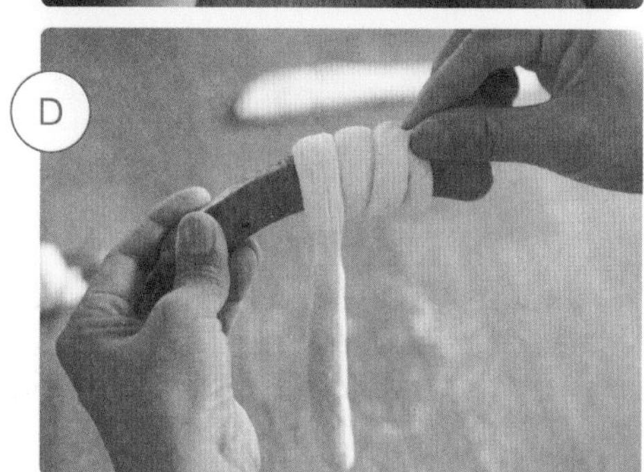

香肠面包卷形

用时
10分钟

芦笋培根面包卷

培根和芦笋堪称“黄金搭配”，再配上香甜松软的面包，相得益彰。

材料 （3个）

基础面团（P12～15）… 180g
芦笋 … 3根
培根 … 2片

1 切分出180g基础面团，参考香肠面包卷（P51）的做法，将面团做成细长条。将芦笋切半，培根纵向分成3等份。

2 将切好的芦笋和培根分成3份，分别用细长面条卷起来Ⓐ，最后将收口捏紧。

3 烤盘铺上烘焙纸，放入做好的芦笋培根面团。放入180℃预热的烤箱中烤15分钟，然后冷却。

烘烤方法
◎烤箱（180℃）15分钟
○吐司烤箱（1200W）8分钟
○烧烤架（小火）5分钟
○平底锅（中小火）两面各7分钟

香肠面包卷形

用时 15分钟

巧克力面包卷

巧克力酱用成品或自己做的都可以。
面包冷却后，吃之前再加巧克力酱。

材料（6个）

基础面团（P12～15）… 270g
巧克力酱 … 约340g
烤杏仁碎 … 适量

成品巧克力酱也可以

烘烤方法
◎烤箱（180℃）15分钟
○吐司烤箱（1200W）8分钟
○烧烤架（小火）5分钟
○平底锅（中小火）两面各7分钟

1 切分出270g基础面团，参考香肠面包卷（P51）的做法，将面团做成细长条。

2 用A4纸做6个模具。将纸对折，卷成直径2cm的圆锥形，收口用订书器订住Ⓐ。在外面卷一层锡纸，表面涂上油。

3 将做好的细长面条卷在模具上Ⓑ，将两端收口捏紧。

4 烤盘铺上烘焙纸，放入卷好的面团。放入180℃预热的烤箱中烤15分钟，取下模具，然后冷却。最后挤入巧克力酱，撒上烤杏仁碎。

巧克力酱的做法（约340g）

❶在耐热碗中将1个鸡蛋打散，加入45g白砂糖和15g低筋面粉，搅拌均匀，倒入200g牛奶，再次搅拌均匀。❷放入微波炉（600W）加热2分钟，搅拌均匀。❸重复步骤2，再放入微波炉（600W）加热2分钟，然后加入30g巧克力，搅拌均匀。

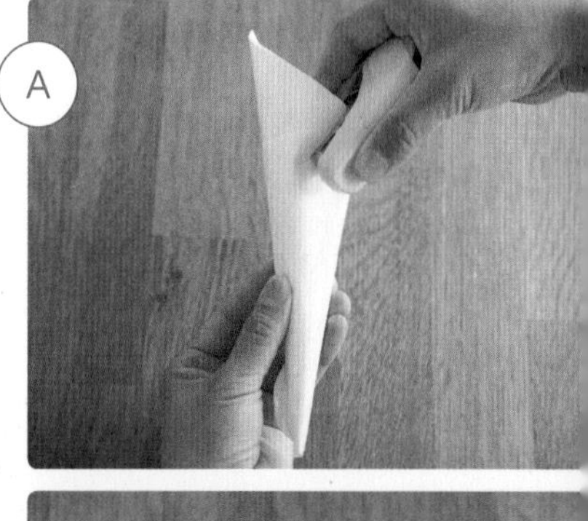

比萨形

将面团平铺展开，放入喜欢的食材即可。操作简单，可以和孩子们一起动手。用叉子在面团上叉上小孔，避免面团烤制时膨胀。如果要做夹馅的皮塔饼，就无须插小孔，直接烤即可。

比萨形

用时
15分钟

西式比萨

用马苏里拉奶酪做出来的比萨更正宗。加一点儿小创新，连比萨的卷边都让人欲罢不能。

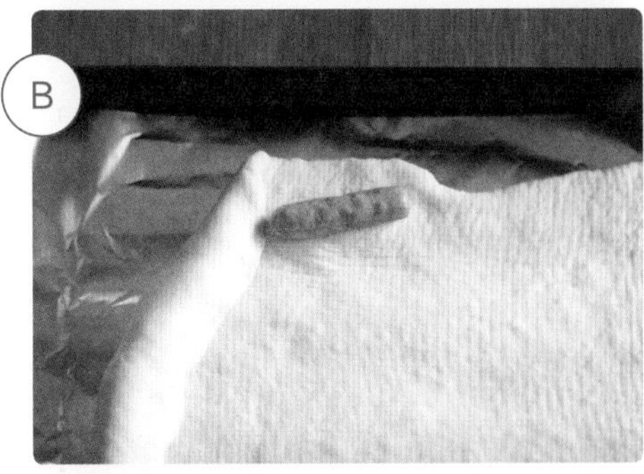
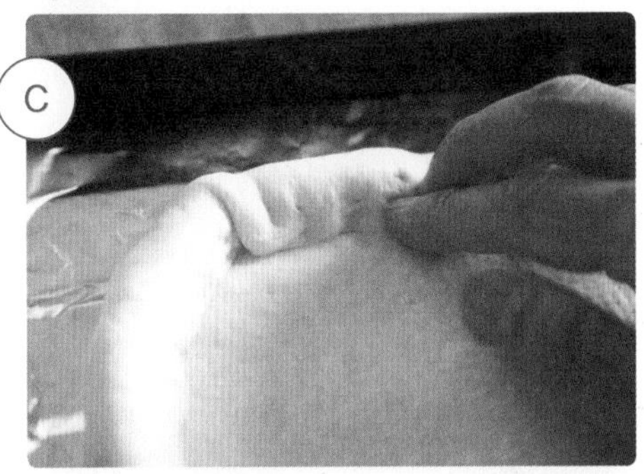

材料 （直径20cm，1个）

基础面团（P12～15）… 100g
迷你小香肠 … 8根
意式番茄酱 … 适量
小个番茄 … 1个
马苏里拉奶酪 … 1/2 块
罗勒叶 … 适量

将番茄和马苏里拉奶酪切片

1 切分出100g基础面团，放在撒有高筋面粉的案板上，用擀面杖擀成5mm厚的面饼Ⓐ。

如果面团延展性不好的话，可以先在室温下放置5分钟

2 将面饼放在铺好锡纸的烤盘上。在距离面饼边缘1cm的位置放上迷你小香肠Ⓑ，用面饼卷住小香肠，压紧收口Ⓒ。依次将小香肠都卷入面饼。

3 用叉子在面饼上插小孔Ⓓ。

4 在面饼上涂抹意式番茄酱，放入切片的小个番茄和马苏里拉奶酪Ⓔ，用吐司烤箱1200W烤8分钟，冷却后放上罗勒叶。

烘烤方法
◎吐司烤箱（1200W）8分钟
○烤箱（180℃）15分钟
○烧烤架（小火）5分钟
× 平底锅不适用

比萨形

用时 5 分钟

日式比萨

照烧鸡肉加蛋黄酱的做法深受大家喜爱，老少皆宜。

材料 （直径20cm，1个）

基础面团（P12～15）… 100g
照烧鸡肉 … 1/2块
比萨奶酪 … 适量
海苔丝 … 适量
蛋黄酱 … 适量

切成方便入口的大小

1 切分出100g基础面团，参考西式比萨（P55）的步骤1做成比萨面饼。

2 将面饼放在铺好锡纸的烤盘上，用叉子插上小孔Ⓐ。

3 放入比萨奶酪、照烧鸡肉和海苔丝，最后放蛋黄酱，用吐司烤箱1200W烤8分钟，然后冷却。

烘烤方法
◎吐司烤箱（1200W）8分钟
○烤箱（180℃）15分钟
○烧烤架（小火）5分钟
× 平底锅不适用

比萨形

用时
10分钟

口袋三明治

非常适合野餐的一款三明治。
为防止面饼撕裂，一定要小心拉伸。

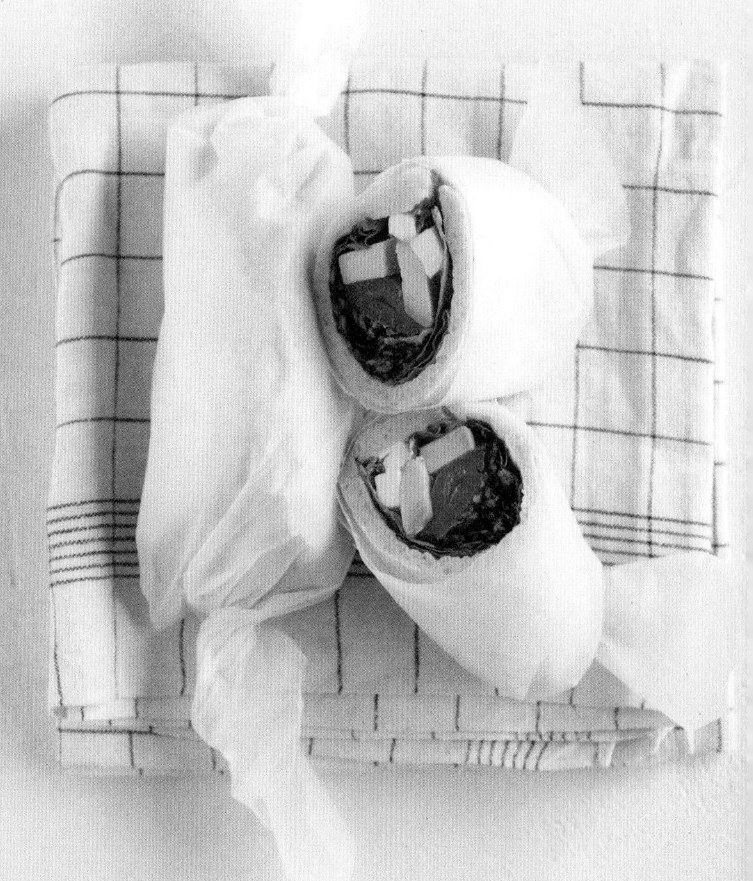

材料（1个）

基础面团（P12～15）… 100g
三文鱼、醋腌紫甘蓝、生菜、牛油果、奶油奶酪等 … 各适量

1 切分出100g基础面团，放到撒好高筋面粉的案板上，将面团拉伸成圆饼形Ⓐ。

2 烤盘铺上锡纸，放入面饼。用叉子插上小孔。用吐司烤箱1200W烤8分钟，然后冷却。

3 将其他材料放在烤好的面饼上，卷紧，外面包一层保鲜膜即可。

烘烤方法

◎吐司烤箱（1200W）8分钟
○烤箱（180℃）15分钟
○烧烤架（小火）5分钟
× 平底锅不适用

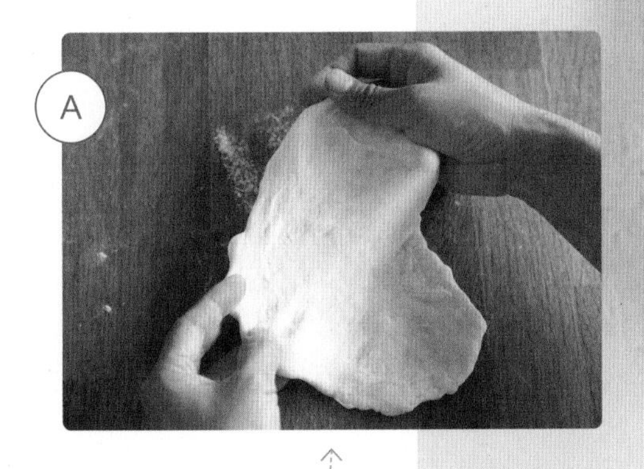

从面团厚的地方开始拉伸，
一点点慢慢展开

比萨形

用时 7 分钟

甜点比萨

在热腾腾的比萨饼上加上冰淇淋，绝妙的搭配！
再配上烤香蕉和焦糖，就是一款完美的甜点了。

材料（直径20cm，1个）

基础面团（P12～15）… 100g
炼乳 … 1大勺
香蕉 … 1小根
焦糖… 3块
烤核桃仁 … 10g
香草冰淇淋（或其他味道）… 适量

香蕉切圆片，焦糖切成 4 小块

1 切分出100g基础面团，参考西式比萨（P55）的步骤1做成比萨面饼。

2 烤盘铺上锡纸，放入面饼。用叉子插出小孔。

3 在面饼上涂上炼乳，放入香蕉片、焦糖和烤核桃仁，用吐司烤箱1200W烤8分钟，冷却后放上冰淇淋即可。

烘烤方法

◎吐司烤箱（1200W）8分钟
○烤箱（180℃）15分钟
○烧烤架（小火）5分钟
× 平底锅不适用

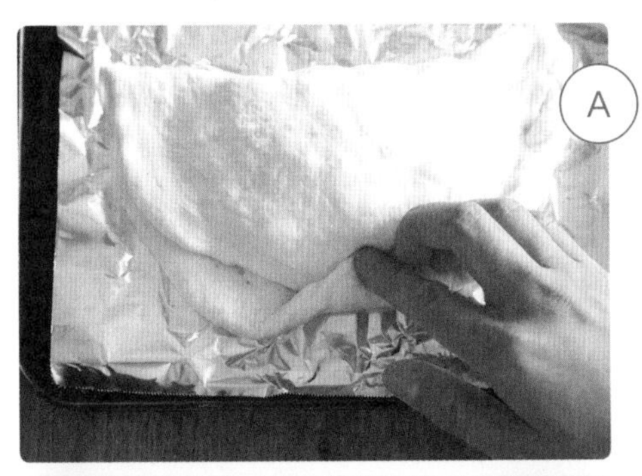

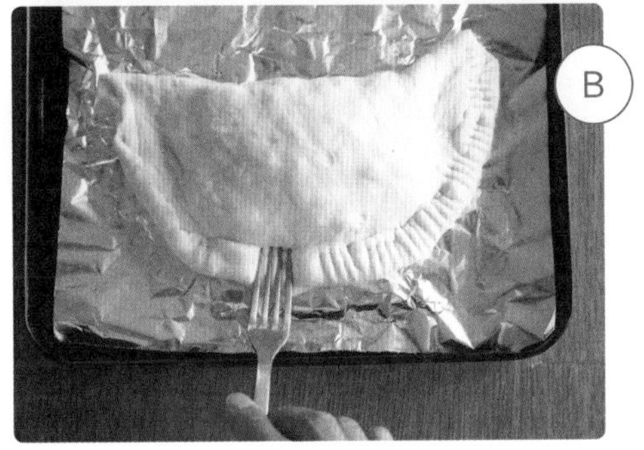

比萨形

用时 15分钟

意大利馅饼

带一点儿微辣，摆上餐桌能增色不少。

材料（1个）

基础面团（P12～15）… 100g
比萨奶酪 … 50g
黑胡椒 … 适量
培根 … 50g
黑橄榄 …7粒
橄榄油 … 少许

将培根切小块，黑橄榄切片

1 切分出100g基础面团，参考西式比萨（P55）的步骤1做成比萨面饼，放入铺好锡纸的烤盘中。

2 用叉子在面饼上插上小孔，在靠近身体的一侧面饼上铺上馅料，撒黑胡椒。

3 将面饼的另一半折叠过来，将边缘捏到一起Ⓐ，再用叉子按压加固Ⓑ。用吐司烤箱1200W烤制8分钟，然后冷却。

烘烤方法
◎吐司烤箱（1200W）8分钟
○烤箱（180℃）15分钟
○烧烤架（小火）5分钟
×平底锅不适用

夹心面包卷形

将面团展开，放入馅料，然后卷起来，切成段。从切面露出的部分会因食材不同而变化，乐趣无穷。

夹心面包卷形

用时 8 分钟

肉桂卷

大受欢迎的肉桂卷制作竟如此简单！
里面是微苦的肉桂，外面是甜甜的糖霜。

材料（4个）

基础面团（P12～15）… 150g

【肉桂泥】

肉桂粉 … 1小勺
白砂糖 … 20g
黄油… 20g

【糖霜】

糖粉 … 30g
水 … 1/2小勺

肉桂泥和糖霜按照材料配比分别搅拌均匀，备用

1 切分出150g基础面团，放在撒好高筋面粉的案板上。用擀面杖擀成5～7mm厚的长方形面饼Ⓐ。

2 将面饼纵向摆放，涂上肉桂泥，注意四周要留出1cm左右的空白Ⓑ。

用勺子背面涂抹更方便

3 由下向上将面饼一点点卷起来Ⓒ，将收口捏紧Ⓓ。

4 用刮板将面包卷切成4段Ⓔ，切面朝上放入铺好烘焙纸的烤盘中，放入180℃预热的烤箱中烤15分钟，冷却后浇上糖霜。

烘烤方法

◎烤箱（180℃）15分钟
○吐司烤箱（1200W）8分钟
○烧烤架（小火）5分钟
○平底锅（中小火）两面各7分钟

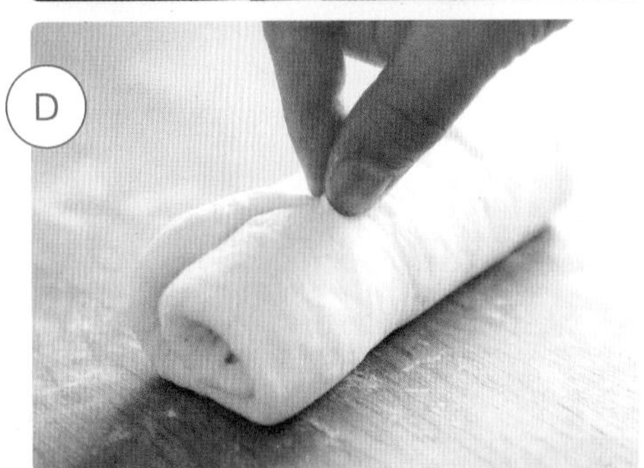

夹心面包卷形

用时
8 分钟

砂糖黄油卷

白砂糖和黄油的无敌搭配，优雅中流露出丝丝香甜。

材料 （4个）

基础面团（P12～15）… 150g

A | 白砂糖 … 2大勺
　| 黄油 … 20g

将材料A充分混合，备用

1 切分出150g基础面团，参考肉桂卷（P61）的做法做成同样的面饼。

2 将面饼纵向摆放，涂抹材料AⒶ，注意四周要留出1cm左右的空白。参考肉桂卷的做法，卷成卷后切4段，切面朝上放入铺好烘焙纸的烤盘中。放入180℃预热的烤箱中烤15分钟，然后冷却。

烘烤方法
◎烤箱（180℃）15分钟
○吐司烤箱（1200W）8分钟
○烧烤架（小火）5分钟
○平底锅（中小火）两面各7分钟

用时
8 分钟

蛋黄酱火腿卷

经典的蛋黄酱加火腿的组合，怎么吃都不腻。也可以换成培根，尝试不同的风味。

材料 （4个）

基础面团（P12～15）… 150g
火腿 … 2片
蛋黄酱 … 2勺

1 切分出150g基础面团，参考肉桂卷（P61）的做法做成同样的面饼。

2 将面饼纵向摆放，涂上蛋黄酱，铺上火腿片Ⓐ。注意四周要留出1cm左右的空白。参考肉桂卷的做法，卷好后切成4段。切面朝上放入铺好烘焙纸的烤盘中，放入180℃预热的烤箱中烤15分钟，然后冷却。

烘烤方法
◎烤箱（180℃）15分钟
○吐司烤箱（1200W）8分钟
○烧烤架（小火）5分钟
○平底锅（中小火）两面各7分钟

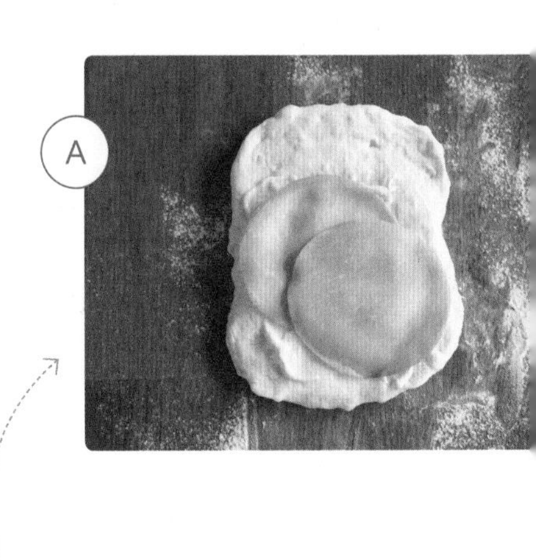

火腿片有重叠的部分也没关系

夹心面包卷形

用时 8 分钟

奶酪海苔卷

用家里常备的材料就可以完成的一款小面包。鲜美的海苔和浓郁的奶酪完美搭配。

材料（4个）

基础面团（P12～15）… 150g
调味海苔 … 4～5小片
奶酪 … 1片

烘烤方法

◎烤箱（180℃）15分钟
○吐司烤箱（1200W）8分钟
○烧烤架（小火）5分钟
○平底锅（中小火）两面各7分钟

1 切分出150g基础面团，参考肉桂卷（P61）的做法做成同样的面饼。

2 将面饼纵向摆放，放上调味海苔片，铺上奶酪片Ⓐ。注意四周要留出1cm左右的空白。参考肉桂卷的做法卷好后切成4段，切面朝上放入铺好烘焙纸的烤盘中。放入180℃预热的烤箱中烤15分钟，然后冷却。

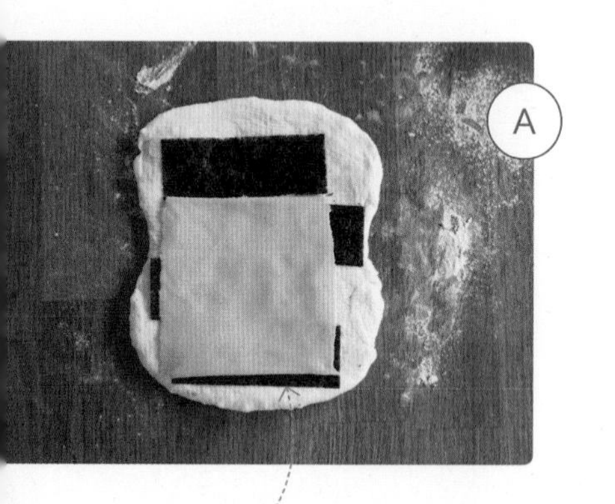

海苔片随意摆放即可

用时
8 分钟

蔓越莓炼乳卷

酸甜的蔓越莓夹心让人欲罢不能，
样子也非常可爱。

材料 （4个）

基础面团（P12～15）… 150g
蔓越莓干… 30g
炼乳… 1勺
糖霜
　糖粉 … 30g
　水 … 1/2小勺

将材料混合成糖霜，备用

1 切分出150g基础面团，参考肉桂卷（P61）的做法做成同样的面饼。

2 将面饼纵向摆放，涂上炼乳，撒上蔓越莓干Ⓐ。注意四周要留出1cm左右的空白。参考肉桂卷的做法卷好后切成4段，切面朝上放入铺好烘焙纸的烤盘中。放入180℃预热的烤箱中烤15分钟，然后冷却。最后淋上糖霜即可。

烘烤方法
◎烤箱（180℃）15分钟
○吐司烤箱（1200W）8分钟
○烧烤架（小火）5分钟
○平底锅（中小火）两面各7分钟

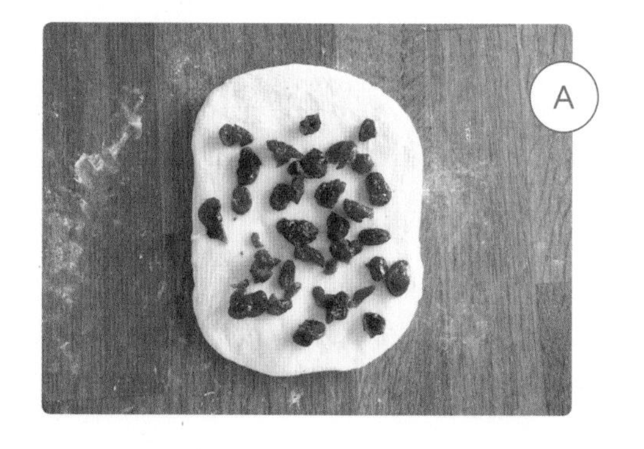

夹心面包卷形

用时 8 分钟

栗子卷

那些总是用不完的果酱终于有了新用处。

材料 （4个）

基础面团（P12～15）… 150g
栗子泥 … 3大勺
烤杏仁片 … 适量

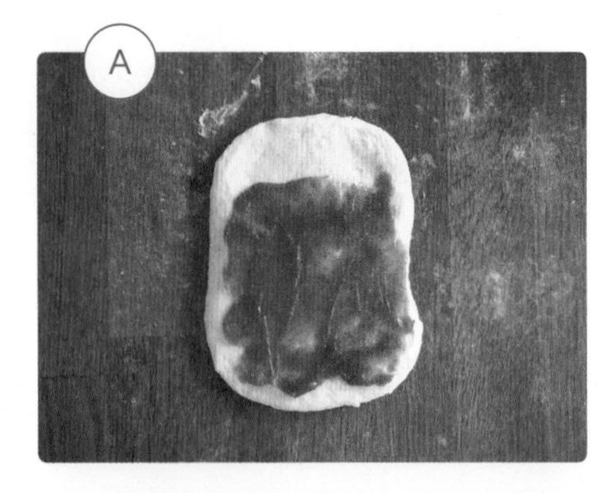

1 切分出150g基础面团，参考肉桂卷（P61）的做法做成同样的面饼。

2 将面饼纵向摆放，涂上栗子泥Ⓐ。注意四周要留出1cm左右的空白。参考肉桂卷的做法卷好后切成4段，切面朝上放入铺好烘焙纸的烤盘中，撒上烤杏仁片。放入180℃预热的烤箱中烤15分钟，然后冷却。

烘烤方法
◎烤箱（180℃）15分钟
○吐司烤箱（1200W）8分钟
○烧烤架（小火）5分钟
○平底锅（中小火）两面各7分钟

夹心面包卷形

用时 8 分钟

比萨卷

用制作比萨的材料卷成面包卷，
做成吃起来非常方便的零食小面包。也适合拿来做便当。

材料（4个）

基础面团（P12～15）… 150g
比萨酱 … 2大勺
细洋葱丝 … 1/4个的量
对半切开的培根 … 2～3片
比萨奶酪 … 30g
欧芹碎 … 少许

1 切分出150g基础面团，参考肉桂卷（P61）的做法做成同样的面饼。

2 将面团纵向摆放，涂上比萨酱，放入细洋葱丝和培根片Ⓐ。注意四周要留出1cm左右的空白。参考肉桂卷的做法卷好后切成4段，切面朝上放入铺好烘焙纸的烤盘中，放上比萨奶酪，撒上欧芹碎。放入180℃预热的烤箱中烤15分钟，然后冷却。

烘烤方法
◎烤箱（180℃）15分钟
○吐司烤箱（1200W）8分钟
○烧烤架（小火）5分钟
○平底锅（中小火）两面各7分钟

先切后卷

牛角包形

将面饼切成三角形后卷起来，做成牛角包或黄油卷的形状。
卷时变换不同食材，味道也会跟着变化。

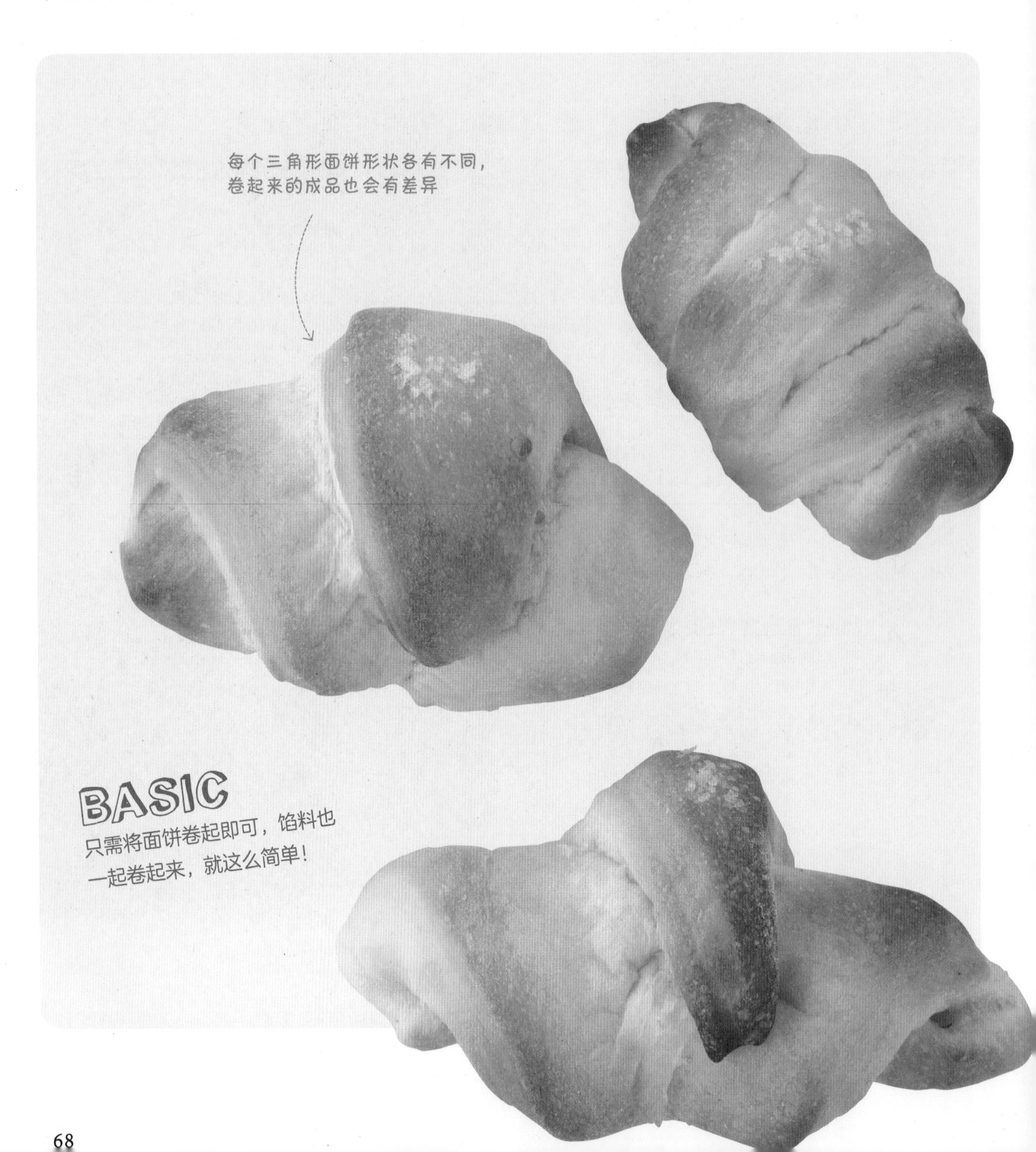

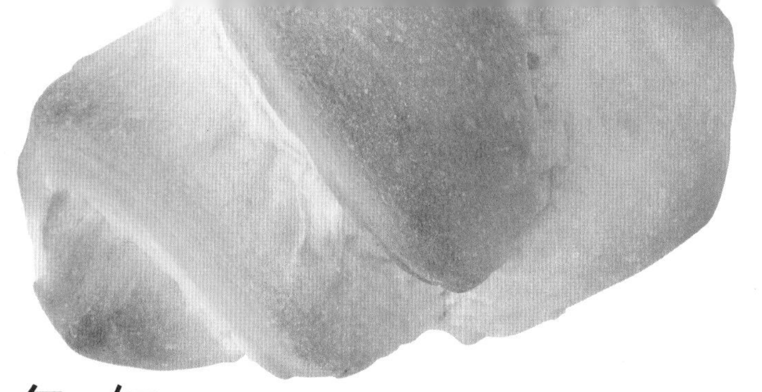

牛角包形

用时
8 分钟

咸味牛角包

有淡淡咸味的小面包，黄油的香气更为面包增色。

材料 （3个）

基础面团（P12～15）… 150g
有盐黄油 … 15g
盐 … 适量

将黄油切成小块，备用

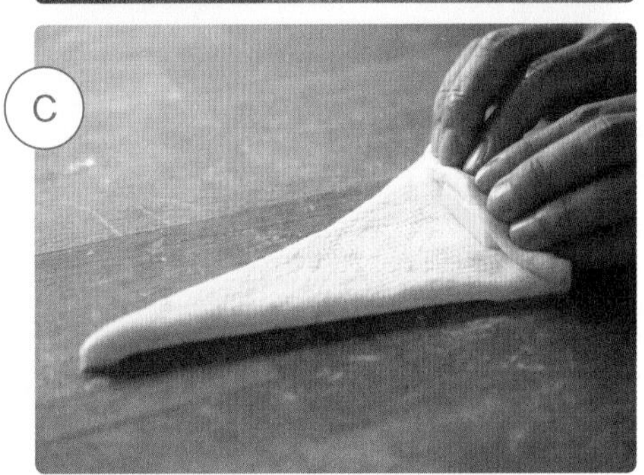

1 切分出150g基础面团，放在撒好高筋面粉的案板上。

2 用擀面杖将面团擀成5～7mm厚的正方形Ⓐ，切成3块三角形面饼Ⓑ。

3 在三角形面饼底部放1块有盐黄油Ⓒ，从底部卷起，裹住黄油并压紧，再继续卷到顶部。

4 将卷好的面团放入铺好烘焙纸的烤盘中，撒盐。放入200℃预热的烤箱中烤12分钟，然后冷却。

烘烤方法

◎烤箱（200℃）12分钟
○吐司烤箱（1200W）8分钟
× 平底锅和烧烤架不适用

在面团上喷一点儿水，盐会更好地附着在上面

牛角包形

用时
10分钟

红豆牛角包

涂抹馅料时留有空白会更容易卷。
加了一点儿馅料的面包卷更美味。

材料 （3个）

基础面团（P12～15）… 150g
红豆馅 … 50g

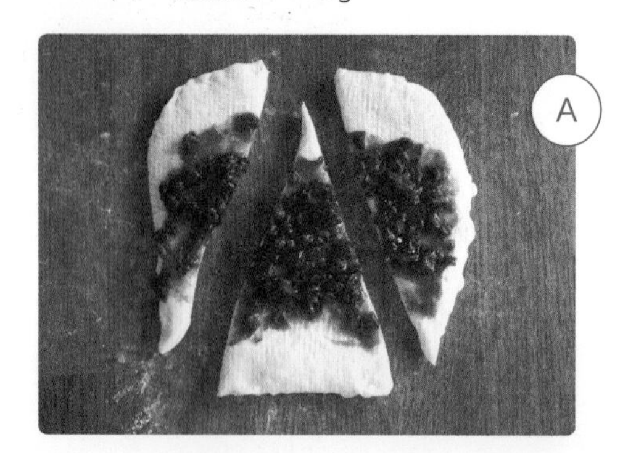

上下都要留空白

1 切分出150g基础面团，参考咸味牛角包（P69）的做法做成面饼，在面饼中间涂上红豆馅。

2 将面饼切分成3块三角形Ⓐ，从底部向上卷起。将卷好的面团放在铺好烘焙纸的烤盘中，放入200℃预热的烤箱中烤12分钟，然后冷却。

烘烤方法
◎烤箱（200℃）12分钟
○吐司烤箱（1200W）8分钟
× 平底锅和烧烤架不适用

以香肠为轴向上卷

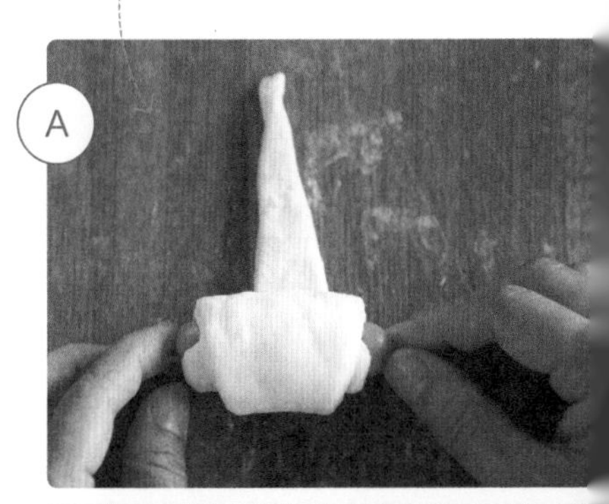

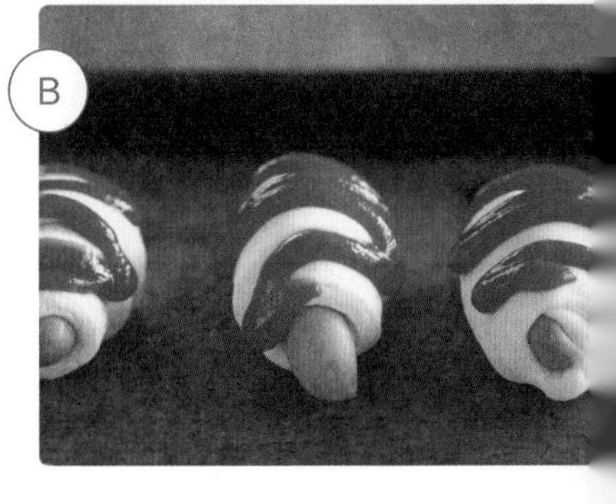

牛角包形

用时
10分钟

番茄香肠迷你牛角包

即使在忙碌的早晨，
也可以做出深受小朋友喜欢的可爱零食小面包。

材料（5个）

基础面团（P12～15）… 150g
香肠 … 5根
番茄酱 … 适量

1 切分出150g基础面团，参考咸味牛角包（P69）的做法做成面饼，在面饼底部放上香肠，从底部向上卷起Ⓐ。

2 将卷好的面团放入铺好烘焙纸的烤盘中，挤上番茄酱Ⓑ。放入200℃预热的烤箱中烤12分钟，然后冷却。

烘烤方法
◎烤箱（200℃）12分钟
○吐司烤箱（1200W）8分钟
× 平底锅和烧烤架不适用

富含蔬菜
营养均衡

用蔬菜发酵面团做新尝试

用蔬菜发酵面团。由于季节和蔬菜种类的不同，所含水分也不同，所以制作面团时要控制水量，一点点调整。

红薯面包

*除了红薯，还可以用土豆、南瓜等口感相似的蔬菜。

材料

A
- 高筋面粉 … 200g
- 白砂糖 … 10g
- 盐 … 4g

B
- 红薯 … 60g（煮软后碾碎，备用。蒸或用微波炉加热都可以）
- 牛奶（或原味豆浆）… 60g
- 水 … 50g
- 酵母粉 … 2g

西蓝花面包

*菠菜、圆白菜、小白菜等绿叶蔬菜都可以。

材料

A
- 高筋面粉 … 200g
- 白砂糖 … 10g
- 盐 … 4g

B
- 西蓝花 … 60g（焯水后擦干，切成小块）
- 牛奶（或原味豆浆）… 60g
- 水 … 50g
- 酵母粉 … 2g

1 准备一个小碗，将材料B放入碗中，混合均匀，至酵母粉完全溶解Ⓐ。

2 将材料A在保鲜盒里混合，倒入步骤1的材料Ⓑ。用刮板将液体和粉状材料切拌均匀Ⓒ。

先加入8成步骤1的材料，待面团成形后再加入余量

3 将面团拉伸、折叠后揉两三分钟，将面团揉成形Ⓓ。

蔬菜中的水分会慢慢渗出，如果面团还是偏硬，可以加入1小勺牛奶。软硬度可以参考基础面团

4 参考基础面包步骤❼（P15）开始操作即可。

PART

3

进阶的吐司和起酥

如果已经熟练掌握了基础面包的做法，可以尝试做一些吐司或起酥等稍复杂的面包，做法里只选择了必要步骤，只需按照说明来做就可以了。

吐司面团

将基础面团做好，放在磅蛋糕模具中烤制即可。下面介绍3种吐司，可以用来做夹心三明治或开放式三明治等。装进模具的面团膨胀至模具边缘，即为发酵完成的标志。

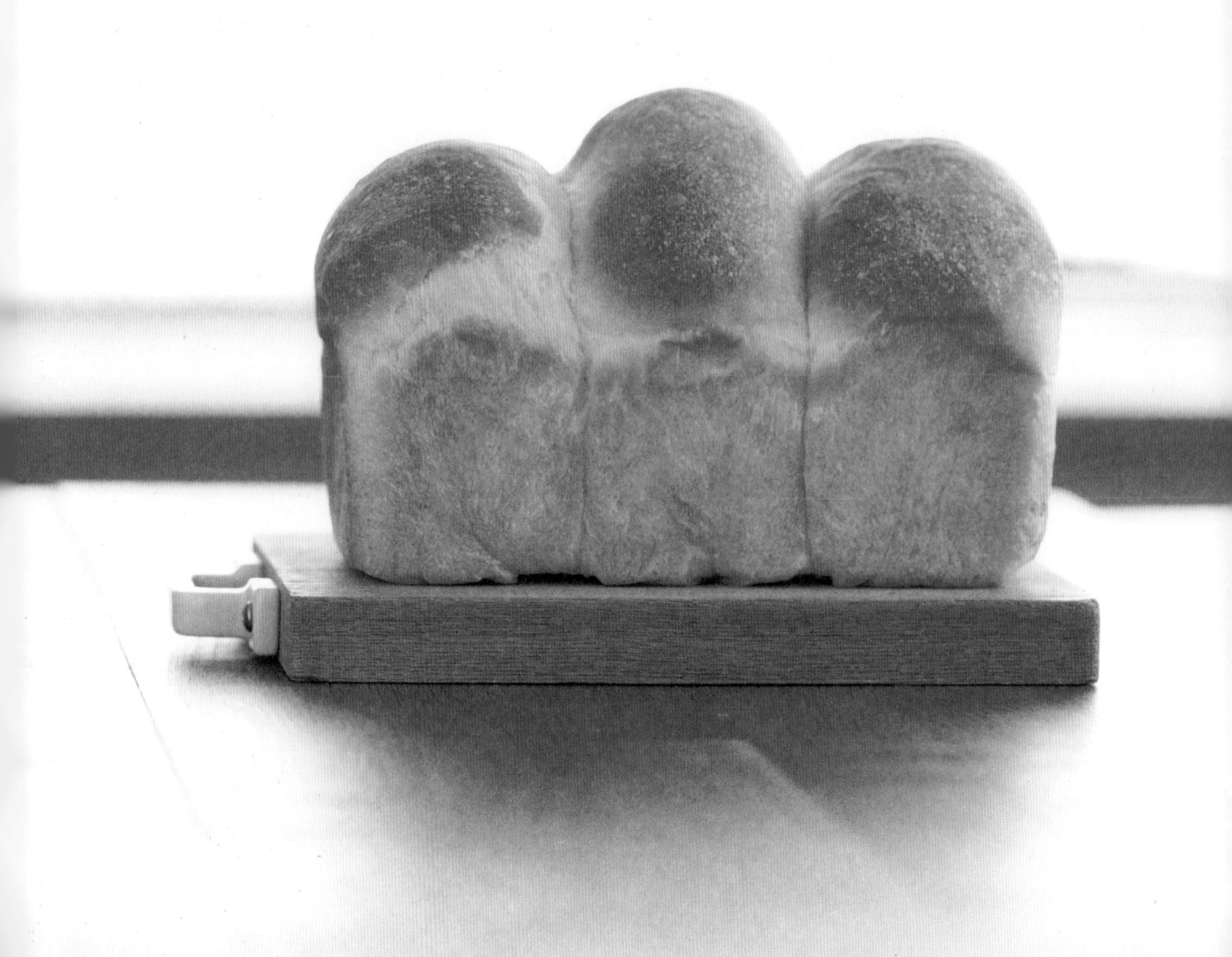

吐司面团

用时
15分钟

基础吐司

用模具制作的山形吐司，每天吃都不会腻的经典味道。

用电子秤
称重后均分

A
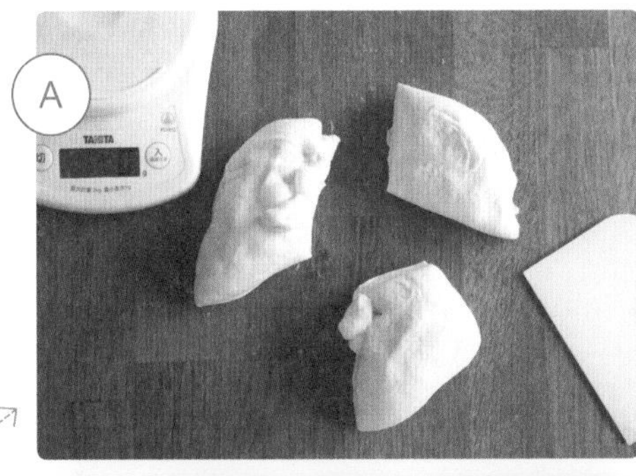

材料 （约18cm × 8cm × 6cm，1个）

A 高筋面粉 ··· 200g
白砂糖 ··· 10g
盐 ··· 3g

B 牛奶 ··· 80g
水 ··· 60g
酵母粉 ··· 3g

黄油 ··· 10g

B

1 参考基础面包步骤❶～❾（P12～15）的做法，将所有材料混合并揉成团，放入冷藏室发酵。

2 取出发酵好的面团，称重后分成3等份Ⓐ。

C
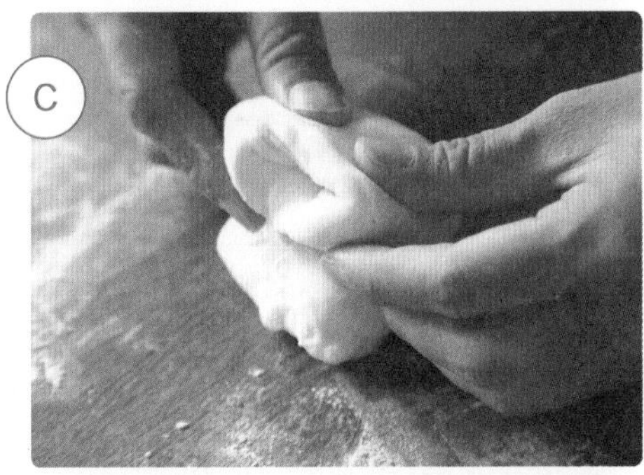

3 将切好的面团放在撒好高筋面粉的案板上，光滑的一面朝上，拉伸成长条。将面团由身体一侧向前对折Ⓑ，然后将面团翻转90°，再对折。重复此动作3遍。

4 将收口朝上，再次对折Ⓒ，然后将收口捏紧。收口朝下放入模具中Ⓓ。

D

5 将面团静置发酵30分钟，直到面团膨胀至模具边缘Ⓔ。放入180℃预热的烤箱中烤25分钟。出炉后放在散热架上冷却。

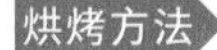

烘烤方法 ◎烤箱（180℃）25分钟
× 吐司烤箱、平底锅、烧烤架不适用

E

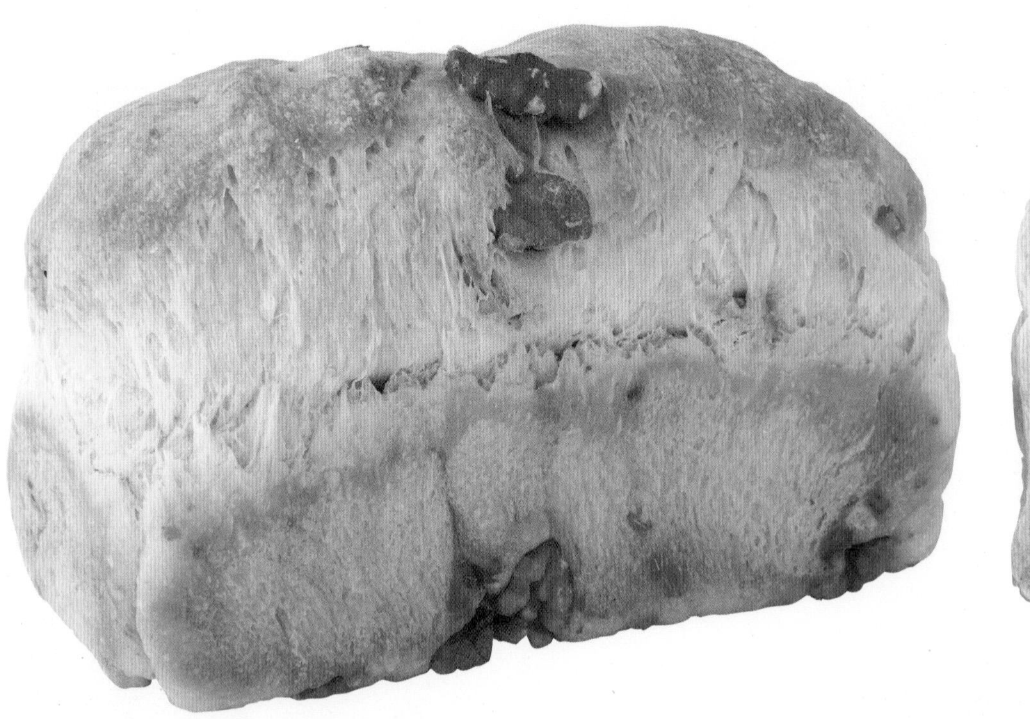

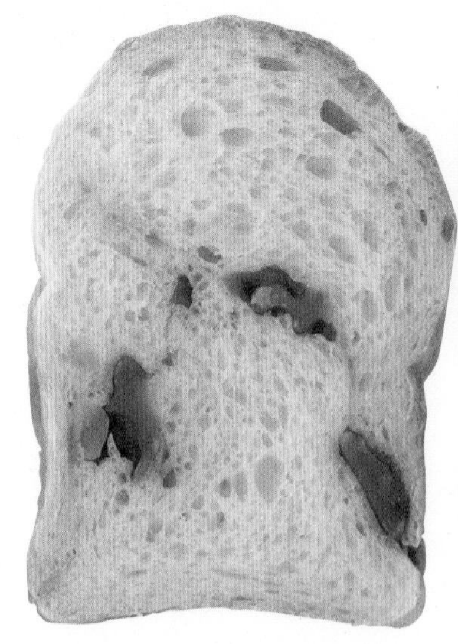

吐司面团

用时
17分钟

核桃吐司

制作巧克力或葡萄干吐司，可参考同样的用量配比。

材料 （约18cm × 8cm × 6cm，1个）

基础吐司（P75）… 全量

烤核桃仁 … 60g

1 参考基础面包步骤❶～❼（P12～15）的做法，将材料混合，参考葡萄干面包的混合方法步骤1～3（P23）将烤核桃仁混入面团中。放入冷藏室发酵。

2 将发酵好的面团放在撒好高筋面粉的案板上。参考模具的长度，用擀面杖将面团擀成1cm厚的面饼，从身体一侧向前卷成卷Ⓐ，捏紧收口。

3 将面团收口朝下放入模具中Ⓑ。静置发酵30分钟，直到面团膨胀至模具的边缘Ⓒ。放入180℃预热的烤箱中烤25分钟。出炉后放在散热架上冷却。

烘烤方法 ◎烤箱（180℃）25分钟

× 吐司烤箱、平底锅、烧烤架不适用

用时 14分钟

鲜奶油吐司

用鲜奶油做成的吐司。将面团分成3股再做造型。

材料（约18cm × 8cm × 6cm，1个）

A | 高筋面粉 … 200g
  白砂糖 … 18g
  盐 … 3g

B | 鲜奶油 … 60g
  鸡蛋清1个 + 水 … 共80g
  酵母粉 … 3g

黄油 … 10g

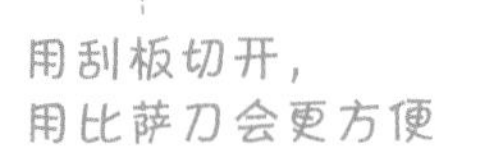

1 参考基础面包步骤❶～❾（P12～15）的做法，将所有材料混合并揉成团，放入冷藏室发酵。

2 将发酵好的面团放在撒好高筋面粉的案板上。参考模具的长度，用擀面杖将面团擀成1.5cm厚的面饼，然后切成3股Ⓐ。将三股面团编成三股辫形Ⓑ，捏紧收口。

3 将三股辫面团正面朝上放入模具中。静置发酵30分钟，直到面团膨胀至模具的边缘Ⓒ。放入180℃预热的烤箱中烤25分钟。出炉后放在散热架上冷却。

烘烤方法 ◎烤箱（180℃）25分钟
×吐司烤箱、平底锅、烧烤架不适用

欧包面团

这里介绍的欧包做法，只需把材料在保鲜盒里混合，用勺子搅拌即可完成。
用这种面团可以轻松制作出意大利风味的佛卡夏，稍难一点儿的法式乡村面包，还有适合当零食的油炸小面包。

欧包面团

用时 10分钟

佛卡夏

意式传统面包，非常适合搭配意大利菜。重点是非常简单！

材料 （1个）

【基础欧包面团】

高筋面粉 … 180g

盐 … 2g

酵母粉 … 2g

水 … 150g

准备1个容量800ml的保鲜盒

【配料】

橄榄油 … 适量

岩盐 … 适量

香草 … 适量

1 在保鲜盒里倒入高筋面粉、盐和酵母粉，混合后加入4/5的水，用勺子一点点搅拌均匀Ⓐ。

2 在残留的粉上倒入剩余的水Ⓑ，充分搅拌后将面团均匀铺平。

容器边角位置残留的粉很容易结块，切记要拌开。可以透过容器底部检查

3 盖上盖子，放入冷藏室发酵8小时以上Ⓒ。
*每天加一点儿水，用勺子重新搅拌一下，可保存5天。

4 在面团上撒入足量的高筋面粉（材料外），用刮板插到保鲜盒与面团的缝隙中，将二者剥离，将保鲜盒倒扣过来，让面团慢慢倒扣在锡纸上Ⓓ。

5 将面团折3折Ⓔ，淋橄榄油，再用蘸了油的手指在面团上戳出小洞，根据面团的大小，戳15～20个洞即可Ⓕ。

6 撒上岩盐和香草，用吐司烤箱1200W烤15分钟，然后冷却。

烘烤方法

◎吐司烤箱（1200W）15分钟

○烤箱（220℃）20分钟

○烧烤架（小火）烤5分钟后盖上锡纸再烤13分钟

○平底锅（中小火）两面各10分钟

A

B

C

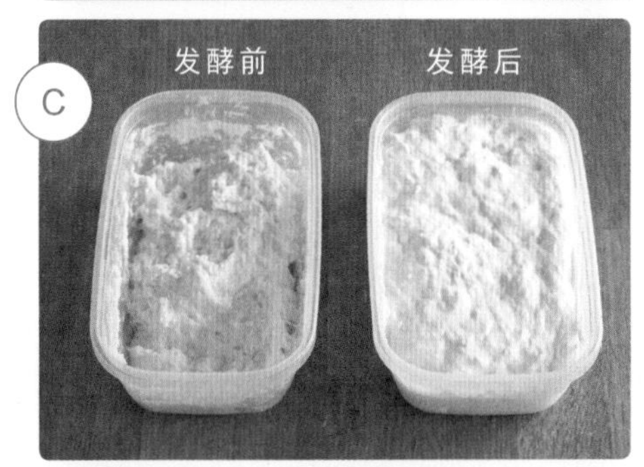

D

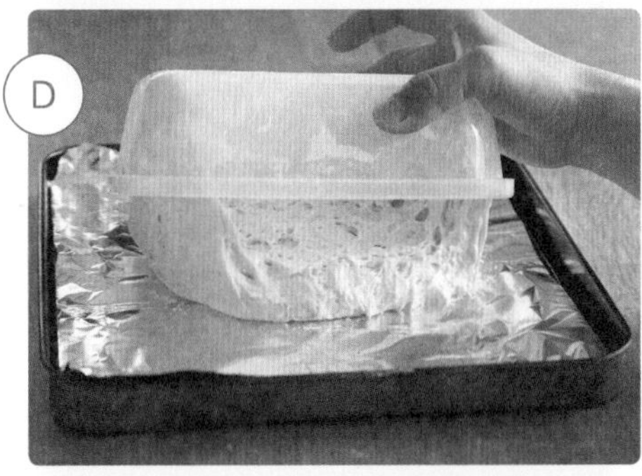

E

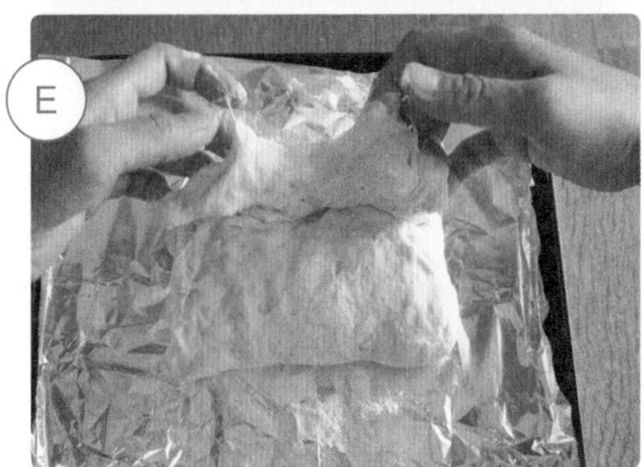

F

欧包面团

用时
15分钟

法式乡村面包

即使是难度较高的欧包，只要掌握了技巧，也可以在家轻松搞定！

材料（1个）

基础欧包面团（P79）… 全量

1. 参考佛卡夏（P79）的做法将面团发酵，将发酵好的面团放在撒好高筋面粉的案板上。
2. 将面团从左往右折3折，再从上往下折3折，最后将收口朝上捏紧Ⓐ。
3. 准备一个碗，铺上棉布，撒上足量的高筋面粉（材料外），将面团收口朝上放入碗中Ⓑ，裹上保鲜膜，注意保鲜膜不要碰到面团。常温下放置30～60分钟，至面团膨胀到1.5倍左右大。
4. 准备一个锅，放入烤箱中，250℃预热，备用。根据锅的大小裁剪出一张锡纸，将步骤3中发酵好的面团倒扣在锡纸上。撒上高筋面粉，在表面划出刀痕。
5. 从烤箱中将预热好的锅拿出来，将锡纸和面团一起放入锅中，盖上盖子，放回烤箱中烤15分钟，然后拿掉盖子再烤15分钟，冷却。

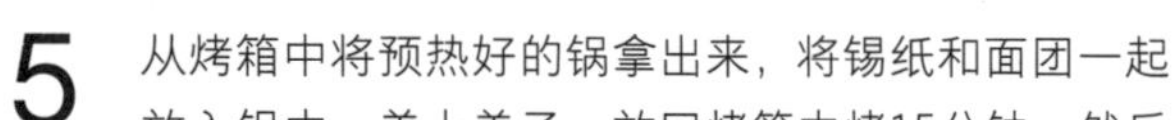

锅的材质必须符合烤箱标准，并带盖子。推荐使用无水锅。从烤箱中将锅拿出来时注意避免烫伤

烘烤方法 ◎烤箱（250℃）30分钟

×吐司烤箱、烧烤架、平底锅不适用

A

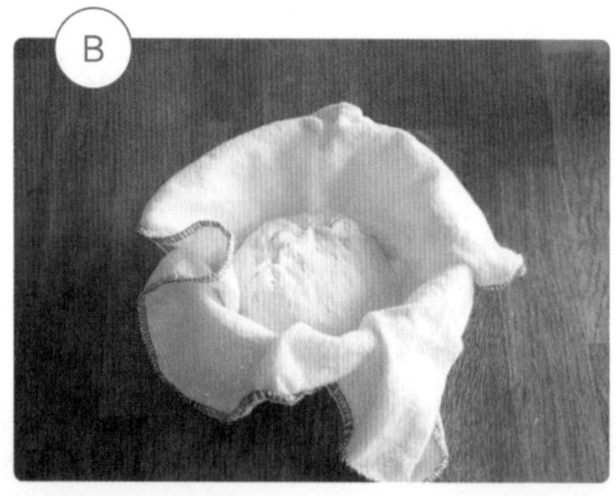

B

方便小食谱

格子手撕面包

将烤好的法式乡村面包切出格子状（底部不切开），在缝隙中放入奶酪，用吐司烤箱将奶酪烤化后，一点点掰着吃。最后出炉时撒上黑胡椒也很美味。

欧包面团

用时
20分钟

油炸小面包

将佛卡夏的面团用少量油来炸，健康又美味。

在凉油中放入面团，可防止面团互相粘黏

材料 （10～12个）

基础欧包面团（P79）… 全量
糖粉 … 适量
油 … 适量

1 参考佛卡夏（P79）的做法将面团发酵，将发酵好的面团放在撒好高筋面粉的案板上。折3折。

2 平底锅内倒入3cm高的油，将面团切成适口大小，依次放入油锅中Ⓐ。

3 中火煎炸，面团变成金黄色时翻面，再将另一面炸至金黄色。

4 将炸好的面包捞出控油，晾凉后撒上糖粉。

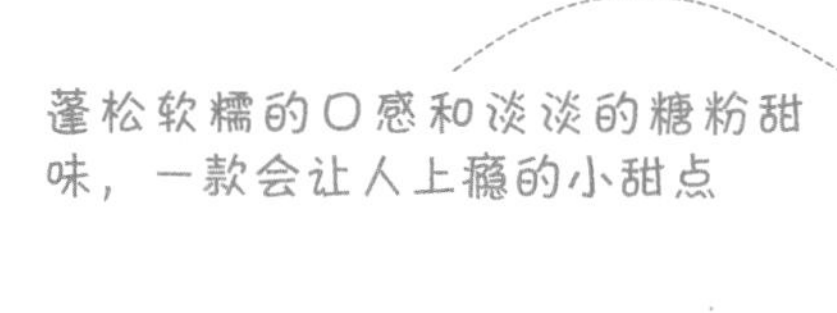

贝果面团

贝果需要先煮再烤，相比其他面包要多花一些时间。刚出炉的贝果，光亮的质地和扎实有嚼劲的口感，让人禁不住上瘾。

贝果面团

用时 35分钟

原味贝果

贝果既可以直接吃，也可以作为面包胚，搭配各种食材。

手感比基础面团要硬很多

材料（6个）

A 高筋面粉 … 300g
白砂糖 … 15g
盐 … 5g

B 水 … 160g
酵母粉 … 3g

蜂蜜 … 适量

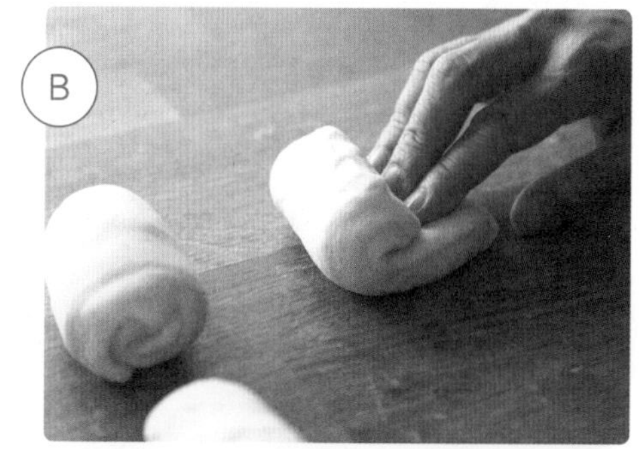

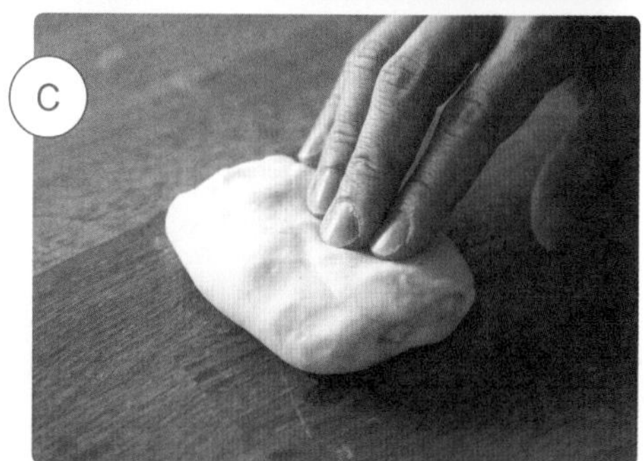

1 参考基础面包步骤❶～❽（P12～15）的做法，将材料A和B混合，揉成一个面团，盖好盖子静置10分钟。取出后放在撒好高筋面粉的案板上，将面团分成6等份Ⓐ。

2 将面团向身体一侧一点点折叠并卷起Ⓑ，并用手指压平Ⓒ，重复此动作两三回。再用双手将面团搓成约18cm长的条。

3 将面条的一端压平，再将另一端捏尖Ⓓ，把两头叠在一起，用扁平的一端将尖的一端包住Ⓔ，用力捏紧收口。

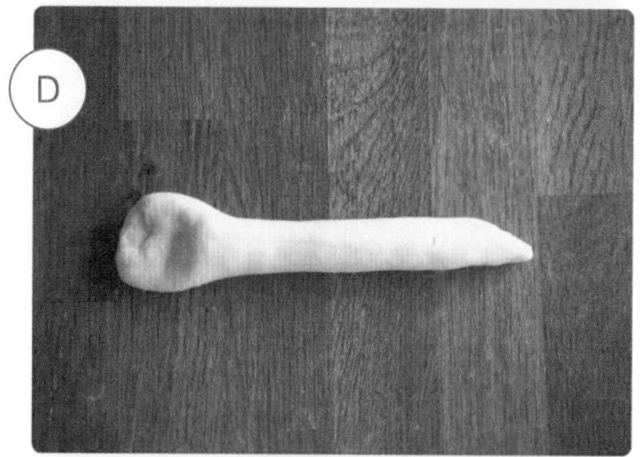

4 保鲜盒内侧涂上薄薄的一层油，放入贝果面团，盖好盖子，放入冰箱冷藏发酵8小时。

冷藏可保存2天。
如果近期不食用，
可放入冷冻室保存1个月

5 准备一个大一点儿的平底锅，倒入3cm高的水，加入蜂蜜后煮沸。蜂蜜化开后调小火，将面团收口朝下放入锅中煮1分钟Ⓕ。然后翻面，再煮1分钟。

6 烤盘铺上烘焙纸，摆上贝果面团，放入220℃预热的烤箱中烤15分钟，然后冷却。

蜂蜜的用量为1L水加2大勺蜂蜜

烘烤方法
◎烤箱（220℃）15分钟
○吐司烤箱（1200W）15分钟
○烧烤架（中小火）10分钟
× 平底锅不适用

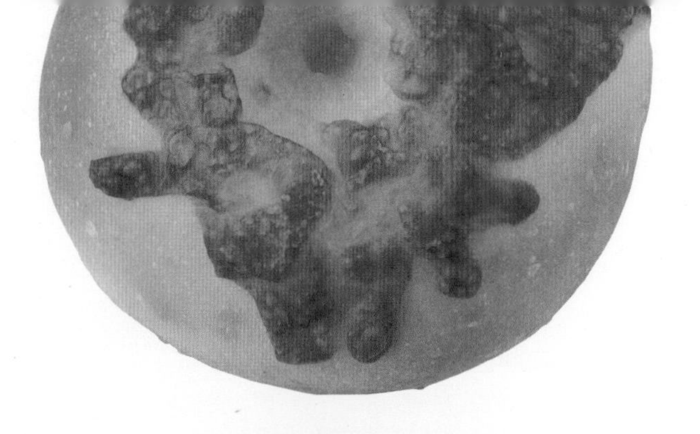

贝果面团

用时
25分钟

奶酪贝果

在原味贝果面团中加入一点儿奶酪，烤后再撒上少许黑胡椒，非常适合成年人的口味。

材料 （6个）

原味贝果（P83）… 全量
比萨奶酪 … 60g
黑胡椒 … 适量
蜂蜜 … 适量

1 参考原味贝果（P83）的做法做成贝果面团。在加了蜂蜜的沸水中每面各煮1分钟。烤盘铺上烘焙纸，摆好贝果面团，放上比萨奶酪Ⓐ，放入220℃预热的烤箱中烤15分钟，然后冷却。最后依据喜好撒上黑胡椒。

烘烤方法

◎烤箱（220℃）15分钟
○吐司烤箱（1200W）15分钟
○烧烤架（中小火）10分钟
× 平底锅不适用

贝果面团

用时
25分钟

红茶贝果

红茶的香气和面粉的麦香混合在一起，非常优雅。
加上一点儿橘皮果酱会更具风味。

推荐类似英式伯爵红茶这种香气比较重的红茶包，日式烘焙茶也可以

材料（6个）

A
- 高筋面粉 … 300g
- 红茶茶包 … 2袋
- 白砂糖 … 15g
- 盐 … 5g

B
- 水 … 150g
- 橘皮果酱 … 40g
- 酵母粉 … 3g

蜂蜜 … 适量

用水将酵母粉溶解后，加入橘皮果酱，搅拌均匀后再和其他材料混合

1 参考原味贝果（P83）的做法做成贝果面团。在加了蜂蜜的沸水中每面各煮1分钟。烤盘铺上烘焙纸，摆入贝果面团。放入220℃预热的烤箱中烤15分钟，然后冷却。

烘烤方法
◎烤箱（220℃）15分钟
○吐司烤箱（1200W）15分钟
○烧烤架（中小火）10分钟
× 平底锅不适用

从中间切开，夹上奶油奶酪，更加美味！

起酥面团

制作起酥面团需要在面团中间夹一层黄油，虽然需要一定技巧，但是掌握之后就变得很简单了。

起酥面团

用时
30分钟

牛角起酥

黄油和面饼层层交叠出起酥的质地，一圈圈卷出形状的做法十分有趣。

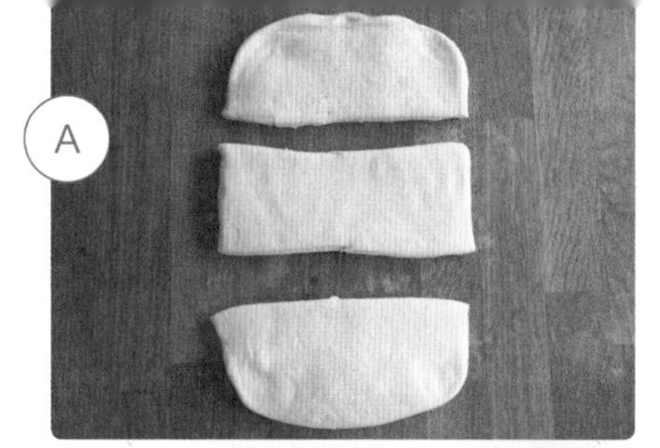
A

B

材料 （12个）

A | 高筋面粉 … 300g
低筋面粉 … 100g
白砂糖 … 30g
盐 … 8g

B | 牛奶 … 100g
鸡蛋1个+水 … 共160g
酵母粉 … 4g

黄油 … 20g

无盐黄油 … 100g

用保鲜膜将无盐黄油包裹，擀成18cm见方的块，冷藏备用

C

1 参考基础面包的步骤❶～❽（P12～15）将材料A和B混合，做成面团，盖上盖子，冷藏15分钟。

2 将面团取出后放在撒好高筋面粉的案板上。用擀面杖擀成长18cm、宽7cm、厚1cm的长方形面饼，切成3块Ⓐ。

D

3 将无盐黄油分成2等份，按照面饼、无盐黄油、面饼、无盐黄油、面饼的顺序叠放Ⓑ，用擀面杖从最上层压紧。

4 用擀面杖从面饼中央向两边擀开Ⓒ，折成3折Ⓓ。然后把面饼翻转90°，再重复以上操作一两次。

重复此操作可以做出更多起酥层。如果制作过程中有黄油流出来，可以将面饼放入冷藏室，凝固后再拿出来操作

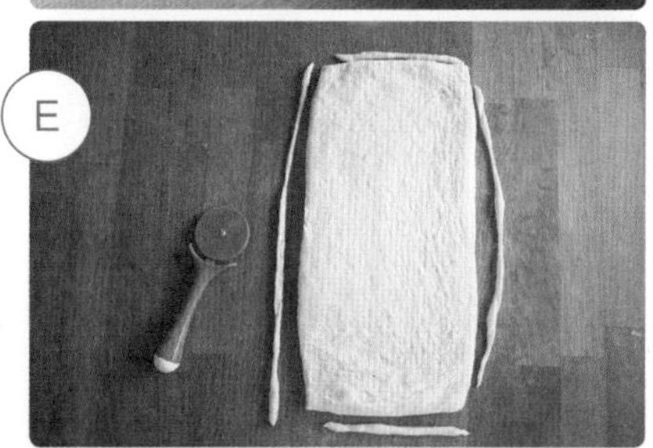
E

5 在保鲜盒里涂一层油，放入面饼。将保鲜盒放入冷藏室，发酵8小时以上。将面饼取出后，切掉不整齐的边角Ⓔ。

这个状态的面饼可保存3天

F

6 从上至下将面饼切出若干细长三角形Ⓕ。将三角形底边靠近身体，在底部中间划2cm长的开口。将开口拉开，向前卷Ⓖ。将卷好的面团放入铺好烘焙纸的烤盘中，室温下放置30～60分钟。放入220℃预热的烤箱中烤15分钟，然后冷却。

顶部容易烤焦，过程中要用锡纸盖在上面

烘烤方法

◎烤箱（220℃）15分钟
○吐司烤箱（1200W）15分钟
× 平底锅和烧烤架不适用

G

刚出炉时，口感酥软的面包和冷却后凝固的巧克力都非常的美味

起酥面团

用时 10分钟

巧克力牛角起酥

一定要亲手做一次的人气面包。尝试不同的巧克力，做出味道各异的巧克力牛角起酥。

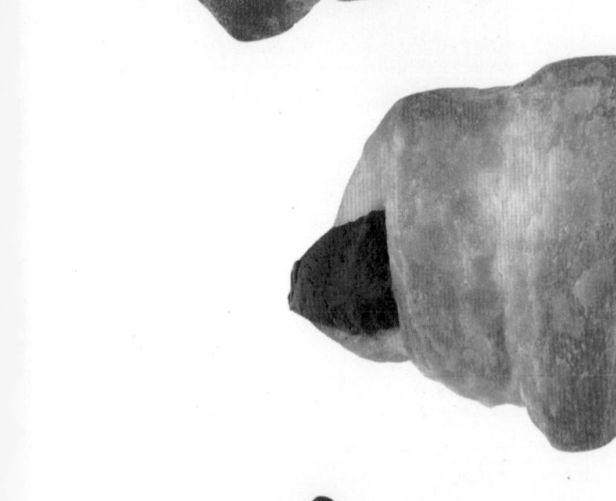

材料 （6个）

牛角起酥面团（P87）… 250g

巧克力 … 6块

1. 切分出250g牛角起酥面团（P87），放在撒好高筋面粉的案板上，擀成面饼。将面饼切成6个大小相同的三角形，把巧克力放在底边，一圈圈地卷上去Ⓐ。

2. 将卷好的面团放在铺好烘焙纸的烤盘上，室温下放置30～60分钟。放入220℃预热的烤箱中烤15分钟，然后冷却。

烘烤方法 ◎烤箱（220℃）15分钟

○吐司烤箱（1200W）15分钟

×平底锅和烧烤架不适用

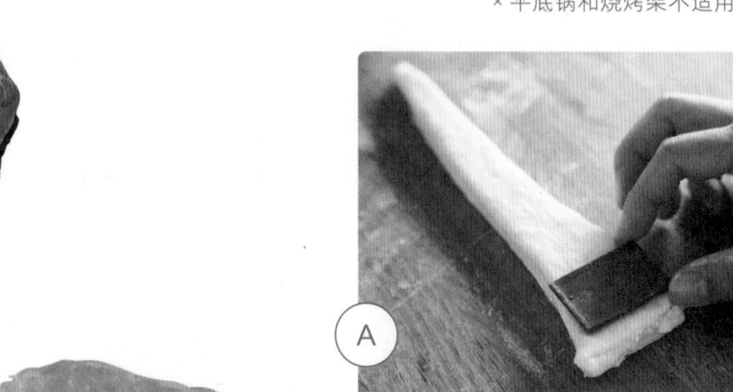

用时
10分钟

焦糖起酥圈

这是一款甜点小面包，香脆的杏仁碎是关键。

材料 （6个）

牛角起酥面团（P87）… 250g

【焦糖糖霜】

糖粉 … 50g

焦糖糖浆 … 1～2小勺

烤杏仁碎 … 适量

将两者混合，备用

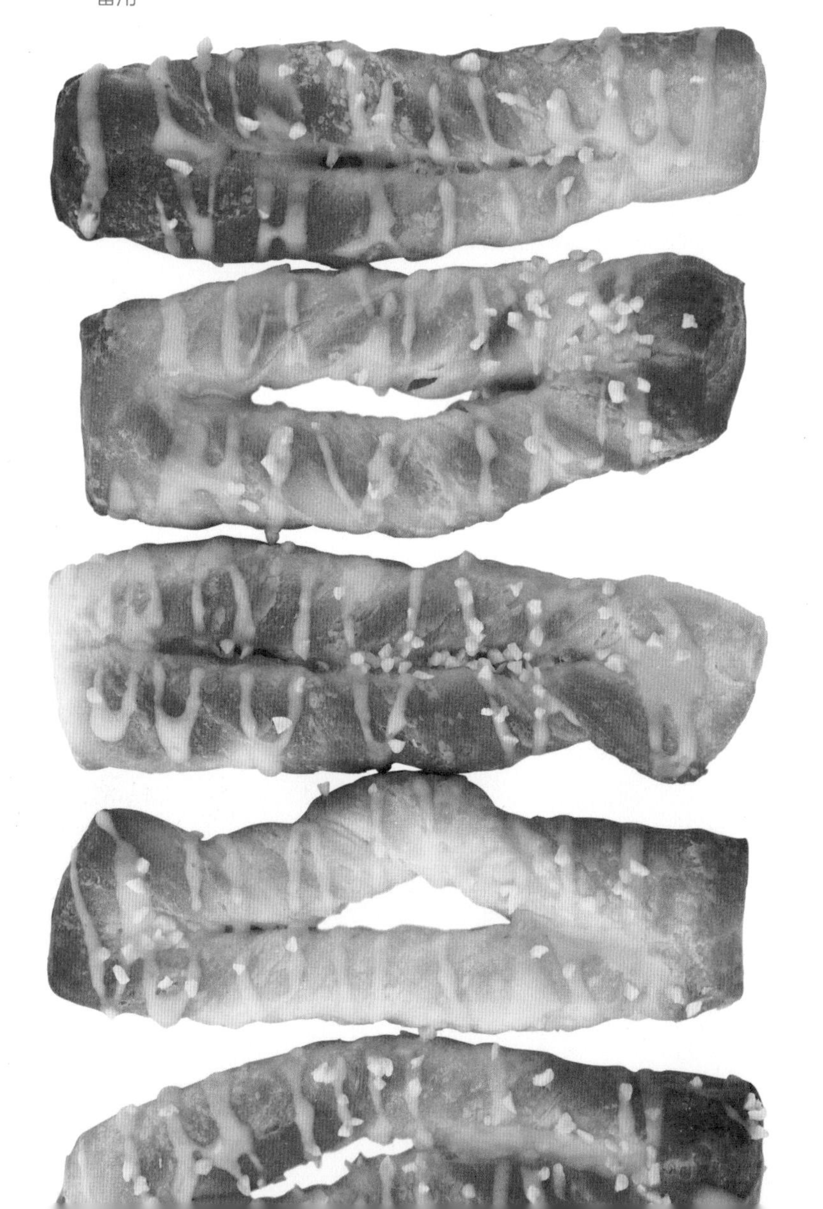

1 切分出250g牛角起酥面团（P87），放在撒好高筋面粉的案板上。用擀面杖将面团擀成长10cm、宽5cm的长方形面饼，分成6等份Ⓐ。

2 用比萨刀或小刀在面饼中间切开一条缝Ⓑ，将面饼的两端从缝隙中间穿2圈Ⓒ。

3 将做好的面团放入铺好烘焙纸的烤盘上，常温放置30分钟。放入220℃预热的烤箱中烤15分钟。冷却后浇上混合好的焦糖糖霜，撒上烤杏仁碎。

烘烤方法

◎烤箱（220℃）15分钟

○吐司烤箱（1200W）15分钟

× 平底锅和烧烤架不适用

超简单面包制作

Q&A

Q1
牛奶和水的温度应如何掌控？

A.
常温最佳。

酵母在温度过低的水中容易结块，不易化开。从冰箱拿出来的牛奶和水，都应尽量恢复常温后再使用。

Q2
低筋面粉可以替代使用吗？

A.
理论上不可以。

同样是面粉，高筋面粉和低筋面粉里所含的面筋量截然不同。面包所需的面筋量更多，所以需要弹性和黏着力较强的高筋面粉。低筋面粉更适合做蛋糕和曲奇等点心。本书中还有其他粉类，例如米粉等混合面粉的食谱介绍（参考P30～33）。

Q3
面包一次烤多了，该如何保存？

A.
独立包装后冷冻保存。

面包烤太多吃不完，可以将烤好的面包一个个单独用保鲜膜包好，装在密封的袋子里，冷冻起来。根据面包的不同质地，常温也可保存两三天，但切记不要放入冷藏室保存。最好不要一次性烤太多面包，现出炉的才最好吃。

Q4
没有膨胀起来的面团可以烤吗？

A.
可以直接烤。

如果冷藏的温度过低，面团有可能达不到发酵的条件。冬天可以将面团放入冰箱蔬菜保鲜层发酵。发酵8小时后仍然没有膨胀起来的面团也可以直接烤。只要面团里有酵母，烤的时候就一定会膨胀。

Q5
揉面大概需要多久？

A.
比起时间，用手和眼睛去判断会更准确。

用手握住面团，如果不粘手，黄油全部揉开，就差不多了。相比揉面时间，书中介绍的面包做法则更加注重材料混合，以及如何将面团揉到一起。揉面的时长最终会影响面包的弹性和口感，可以尝试调整揉面时长，找到最适合自己的做法。

Q6
发酵后的面团表面凹凸不平怎么办？

A.

表面不平整是过度发酵导致的，但不影响烤制。

书中的面包利用低温，长时间发酵而成，这是防止过度发酵的一种方法。面团过度发酵，会导致面团出现较大的气孔，面团变形，但不影响烤制。过度发酵的面团用来做比萨、吐司等需要调味的面包，反而别有风味。

Q7
怎样让面包口感更柔软一些？

A.

塑形后在室温下多放置一会儿试试。

烤制前将面团在室温下放置15~20分钟，进行二次发酵，会让面包更加蓬松、柔软。但是面团容易失水变干燥，可以放在烤盘上，放入未加热的烤箱中进行二次发酵。

Q8
可以用橄榄油代替黄油吗？

A.

可以，但味道也会发生改变。

用橄榄油代替黄油揉面，比不添加任何油更容易使面团蓬松、柔软。不是刚出炉的面包那种特有的香味，而是更恬淡的橄榄香气。另外，也可以用人造黄油、色拉油等代替。

Q9
面团不成团，一直粘手怎么办？

A.

可能是水量和温度的问题。

出现这个问题的原因有几个，但大概率是水量的问题。称量牛奶和水时，不要用量杯，用电子秤会更精准。不同的面粉吸水量也不一样，加水时先加入少量，边揉面边加水，会降低失败率。

Q10
面包内部没烤熟怎么办？

A.

面包出炉后，先放凉一会儿。

导致面包没烤熟的原因有很多，比如材料计量误差、烤箱温度不够、酵母开封过久失效等，但最容易忽略的是最后一步——冷却。面包从烤箱里拿出来后，一定要放在烤网上，利用余温持续加热是烤面包重要的最后一步。

Q11
冷冻面团解冻后很粘手怎么办？

A.

这时要用烘焙纸。

解冻后的面团表面有水滴，会粘手。第二天早上要烤的面团，最好在前一天晚上移至冷藏室解冻。解冻时最好先将面团放在烘焙纸上，这样第二天烤的时候就不用直接用手拿了（参考P21）。

超简单面包的各种创意

只要提前把基础面团做好，就可以随时做出各种各样的面包，这就是超简单面包最大的好处。下面是作者吉永老师用基础面团做的各种别出心裁的创意。

刚烤好的吐司和黄油简直是绝配

刚出炉的、酥脆的法式乡村面包切片是早餐的主角，连小朋友都很喜欢。涂上黄油或果酱，或做成三明治，可以变换多种吃法。

可充当零食的油炸面包球

圆滚滚的油炸面包球最适合作零食了，我家的早餐中也经常会出现它的身影。将基础面团做成一口大小的球，用油炸一下，裹上糖粉或黄豆粉，只需20分钟就可以完成。

一下做多了，可以单独包装起来送朋友

由于工作和家庭的需要，家里经常有多到吃不完的面包。我经常会把这些面包简单包装一下，送给朋友们。装在透明的袋子里，封口用金属丝锁紧，简单的包装便有了礼物的感觉。

简单又丰盛的三明治，特别适合作午餐

用刚烤好的面包夹上蔬菜和火腿等材料，做成三明治，特别适合招待一起午餐的朋友们。在摆盘上多花点儿心思，还可以增添一点儿咖啡店的感觉。还可以打包后带着去公园，和孩子们一起野餐。

随意组合，创意有无限可能

其实不需要准备太多材料，奶酪、香肠、玉米粒等这种日常必备材料就可以做出很多种不同的组合。面团、馅料、形状，按照这3个要素进行交叉组合，非常有趣。

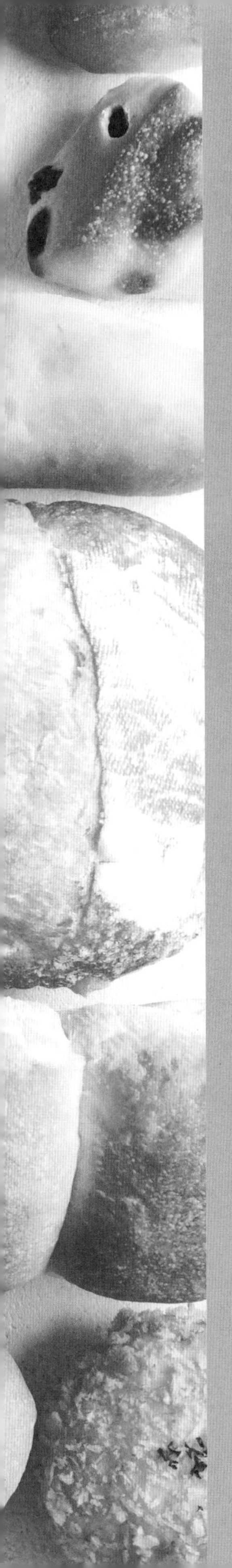

后记

就在刚刚，我结束了这本书的全部拍摄工作。此刻的我被面包和面团所包围，在非常充实的工作后，现在终于松了口气。由于这份工作的原因，我有幸认识了很多人。每当从读者那里收到“我做了这个面包！”“真的简单到我都做成了！”“真的很好吃！”等这些消息时，我就在想，一直要坚持写食谱，跟大家传达做面包的乐趣是件多么美好的事情。

这次有幸得到这样一个机会，给大家介绍这么多种面包食谱。我非常高兴，也心存感激。在家动手做面包，不论身在国内还是国外，都可以在当地实现。希望借此机会，让更多人可以尝试着自己动手做面包，可以让全天下的小朋友在世界各个角落都能吃上妈妈亲手做的面包。吃过这些面包的小朋友就会记住，这是妈妈的味道，是安心的味道。为了“妈妈的味道”可以一直流传下去，我也会为之继续努力。

感谢购买这本书的每一位读者。希望从此以后，我们就是一起做面包的小伙伴了！

吉永麻衣子

图书在版编目（CIP）数据

超简单手作面包 /（日）吉永麻衣子著；马达译. —北京：中国轻工业出版社，2020.8

ISBN 978-7-5184-2855-7

Ⅰ.①超… Ⅱ.①吉… ②马… Ⅲ.①面包－制作 Ⅳ.①TS213.21

中国版本图书馆 CIP 数据核字（2019）第 289966 号

责任编辑：胡　佳　　责任终审：劳国强　　整体设计：锋尚设计

策划编辑：高惠京　　责任校对：晋　洁　　责任监印：张京华

出版发行：中国轻工业出版社（北京东长安街6号，邮编：100740）

印　　刷：北京博海升彩色印刷有限公司

经　　销：各地新华书店

版　　次：2020年8月第1版第1次印刷

开　　本：889×1194　1/16　印张：6

字　　数：150 千字

书　　号：ISBN 978-7-5184-2855-7　定价：49.80元

邮购电话：010-65241695

发行电话：010-85119835　传真：85113293

网　　址：http://www.chlip.com.cn

Email：club@chlip.com.cn

如发现图书残缺请与我社邮购联系调换

191198S1X101ZYW